TOMS Shoes

穿一雙鞋，改變世界

Start Something that Matters

布雷克‧麥考斯基 Blake Mycoskie 著

譚家瑜 譯

獻給我的父母，

沒有你們無條件的關愛和無窮盡的支持，

這本書不可能誕生。

成功 *

笑口常開，多付出愛，
讓聰明人尊敬，
討孩子們歡心。

贏得真誠批評者的賞識，
容忍不忠實朋友的背叛。

懂得欣賞美，
發掘他人身上最大的優點，
為世界留下一點更美好的人事物，
無論那是健康的兒女、
茂盛的庭園，還是進步的社會。

明知人生只有一回卻怡然自得，
因為你已不虛此行，
這就是成功。

---

* 一般認為這首詩的作者為史丹莉（Elizabeth-Anne Anderson Stanley）。

目次

導讀　年輕人賣鞋子

中原大學講座教授、司法院前院長

賴英照

記得是小學三年級，有一天中午放學，我們一群打著赤腳的孩子，沿著校門口右手邊的泥土路，蹦蹦跳跳地趕著回家吃飯。我顧著和同學聊天，一不小心踢到一塊凸出地面的石頭。好痛！蹲下一看，左腳的第二個趾甲整個翻了上來，血流如注。忍痛拐到家門，母親幫我把傷口洗乾淨，抓一把香灰敷上去，再撕一塊布綁起來。過幾天居然也好了。

新的腳趾甲很快長出來，走路也完全恢復正常。但當時那一陣劇痛，卻久久不能忘記。

懷著這樣的記憶，當我讀到布雷克・麥考斯基（Blake Mycoskie）賣鞋子的故事，心中格外有感。

2006 年 1 月，二十九歲的布雷克到阿根廷的鄉間旅行，看到當地孩子多半沒鞋穿。他們的腳上，有新刮的傷口，也有結疤的舊痕。他暗自發願，要幫孩子找鞋子。

怎麼找？第一個念頭是成立慈善機構，請善心人士捐助。但他想起幾天前，在布宜諾斯艾利斯的咖啡店，偶然遇到一名美國婦女，也在做勸募鞋子的工作。聽她說，依賴捐助不但來源很不穩定，而且募來的鞋子，也不一定合腳，因此經常青黃不接。

　　過去十年，布雷克做過四種生意。這個經驗讓他突然有了頓悟：為什麼不開一家鞋店，把賺來的錢買鞋子送給孩子？他找來教他打馬球的阿根廷教練阿雷侯（Alejo Nitti）商量，最後決定：他的鞋店每賣一雙鞋子，就送一雙給孩子。

　　回美國時，布雷克帶著三個帆布袋，裡面是兩百五十雙阿根廷傳統的帆布鞋。經過一番籌備，2006 年 5 月，他的鞋店在加州 Venice 開張，店名叫 Toms Shoes，意思是明日之鞋（Tomorrow's Shoes）。這個鞋店沒有店面，只靠網路行銷，和布雷克自己跑腿找零售商。剛開始生意做得很辛苦。

　　好運突然降臨。5 月 20 日《洛杉磯時報》登出一則報導，介紹這個「賣一雙，捐一雙」的故事，還附上新鞋店的網址。那天是星期六。一天之內，他就接到兩千兩百雙鞋子

的訂單。暑假結束，他已賣出一萬雙。

2006 年 9 月，布雷克帶著父母、弟妹、幾位好友和助理回到阿根廷。他們租來一輛大巴士，裝滿帆布鞋，由阿雷侯帶路，一個村莊又一個村莊地跑。每到一地，總有一大群孩子在空地上等候，看到大巴士開進來，立刻歡呼、鼓掌、雀躍，迎接他們今生第一雙鞋子。布雷克親手幫孩子穿上新鞋。看到一張張童稚燦爛的笑顏，他卻熱淚盈眶。

2011 年布雷克寫下這個故事，書名叫 *"Start Something That Matters"*，一出版就登上《紐約時報》暢銷書排行榜。

Toms Shoes 賣鞋子賺取利潤，目的是為孩子提供鞋子，不是幫自己賺錢，和一般營利事業不同。它協助解決社會問題，但不靠別人捐助，不是慈善基金會。這種事業就是社會企業。

社會企業能不能存活？有人不看好。他們認為營利兼顧慈善，必然妨害業務的發展。營利事業只能為股東賺錢，所謂公益慈善，不是不務正業，就是公關慈善（public relation charity），只為提升企業形象，有益產品行銷，最後還是回歸股東利益最大化的目標。

對於這樣的論點，布雷克不能認同。他指出：「將

奉獻行動融入商業模式雖是個雙贏策略，但未必人人贊同。許多著名經濟學家和經營大師都發表過反對企業奉獻的理論，例如一言九鼎的美國經濟學家傅利曼（Milton Friedman），常被引用的一句話是：『企業唯一的社會責任是增加獲利，僅此而已。』這種觀念曾在二十世紀中葉大行其道，現在早就不合時宜了」（頁 213-214）。

傅利曼的文章 'The Social Responsibility of Business Is to Increase Its Profits'，登在 1970 年 9 月 13 日的《紐約時報》，影響十分深遠，布雷克有親身的體驗。他說：「我創辦 TOMS 的時候，別人都以為我腦筋有問題。經驗老到的鞋業專家（又稱『鞋達人』）認為，我們的商業模式並非可長可久，至少是禁不起考驗，因為把『營利事業』和『社會使命』綁在一塊兒，只會把事情搞得太複雜，對兩者都不利」（頁 36）。

這正是傅利曼的核心觀點。做生意就是為賺錢，怎麼能兼顧公益？但布雷克以 Toms Shoes 的經驗，證明社會企業的優勢。他認為：「如果你把奉獻行動融入商業模式，為你的事業賦予比追求損益平衡更重要的使命，就能創造資源較多的公司無法享有的商機」（頁 117）；「當你把奉

獻行動融入商業模式，顧客也會自願成為你的夥伴，主動幫你行銷產品」（頁203）；「企業樂善好施，不但容易引來優秀的員工，也能吸引優秀的合夥人。……許多企業也想跟其他樂善好施的企業合作。這些企業會因為推崇你的奉獻目標，而協助你打下成功根基」（頁210-211）。

這種經驗，當然不只限於 Toms Shoes。就在布雷克的大巴士穿梭在阿根廷的村莊時，諾貝爾委員會把2006年的和平獎，頒給尤努斯（Muhammad Yunus）和他創辦的鄉村銀行（Grameen Bank），表彰他們經營社會企業三十年的成就。鄉村銀行的目的不為營利，而是為無法向銀行借錢的數百萬孟加拉婦女，提供低利貸款，幫助她們擺脫高利貸的剝削，努力帶領兒女掙脫貧窮的漩渦。鄉村銀行成績斐然，不但在孟加拉功效卓著，而且它的微型貸款模式，更推廣到許多國家。社會企業早已枝繁葉茂。

布雷克這本書以 Toms Shoes 的故事為主軸，旁徵博引其他實際案例，闡述社會企業的創業過程，主要目的是要喚起讀者，以實際行動開創有益社會的志業。當布雷克回阿根廷送出一萬雙鞋子的時候，他有這樣的回顧：「九個月前，我憑著日記裡的一張草圖踏出了鞋子事業的第一步，

現在我們已有能力提供一萬雙新鞋給有需要的孩童。此時此刻我才真正領悟到，一個簡單的構想就能發揮重要影響力，一雙鞋子就能創造許多歡樂」（頁33）。這樣的經驗顯示，創業雖然艱辛，但只要努力以赴，就會開花結果。

這樣的經驗，也讓成功的定義更為寬廣。布雷克說：「追求成功與謀求財富地位，逐漸成為兩碼子事。成功的定義變得更廣，只要對世界有某種貢獻、能隨心所欲地生活和工作，就算是成功」（頁36）。這是眾善奉行的人生觀。

「一份善心，一個計畫，貫徹執行」，就是布雷克的成功模式。他把這個模式的每一個關鍵步驟，在這本書和盤托出，希望更多人起而實行，一起改變世界。

台灣需要更多優秀的社會企業，實現善念，處理政府和慈善機構無力解決的社會問題。這本書的出版，相信能為社會企業的發展，帶來更多助力。聯經出版公司懷抱公益之心出版本書，譯者譚家瑜女士精心傳達原著精神，讓廣大的中文讀者更方便認識這個感人的故事，功德無量，應該得到肯定和鼓勵。

給讀者的信

朋友：

　　出版這本書的理由很簡單：我想與你分享 TOMS 鞋公司在創業過程中所累積的知識。這一路走來，我也從一群令人激賞的創業家和行動家身上學到了很多。書中以帶有鼓勵、逗趣、挑戰意味的筆調，描繪了他們和我的故事，期許你也能採取行動，開創志業。

　　我除了在書中分享我們汲取的教訓之外，也將透過開創志業基金會（Start Something That Matters Fund）撥出 50% 的版稅資助其他創業者。我的理想是藉這本書和這項承諾拋磚引玉，激勵別人嘗試對世界發揮正面的影響力。

　　謝謝你加入這場大冒險。

把握當下的布雷克

2011 年 7 月 7 日寫於科羅拉多山

第一章

TOMS 的緣起

「要改造世界，先改變自己。」

——甘地

2006 年，我給自己放了一段長假，打算前往阿根廷旅行。那年我二十九歲，正在經營第四項新事業：為一群只開混合動力車的青少年，提供融入環保教育的網路駕駛訓練課——這是我們有別於競爭對手、也對地球有益的創舉。

當時，這份事業正步入關鍵時刻，雖然營收持續成長，但員工寥寥無幾，因此愈來愈需要增聘人手。不過，創業

這些年來，我始終認為度假有益心理健康，再怎麼忙碌也不可或缺。因此，2002年，我帶著妹妹佩姬參加哥倫比亞廣播公司（CBS）真人實境電視節目《驚險大挑戰》（*The Amazing Race*）的路跑活動，期間曾在阿根廷境內拔足狂奔。（然而，命運彷彿天注定，我們花了三十一天繞著世界跑完一圈後，卻以落後四分鐘的些微差距，而將鉅額獎金拱手讓人了，這件事至今仍是我此生最大的遺憾之一。）

2006年我再度造訪阿根廷，主要任務是盡情感受當地文化，於是趁此機會學習了阿根廷的國舞——跳探戈，還參加了他們的全民運動——打馬球，當然也享用了那裡的國飲——馬爾貝克紅酒[1]。

我也入境隨俗，穿上了阿根廷的國民鞋——懶人鞋（alpargata）。當地幾乎每個人的腳上，都有這麼一雙質地柔軟的輕便帆布鞋，從馬球玩家、農夫到學生，無一例外。我在阿根廷各地（包括城市、農場和夜店），也都看

---

1 譯註：馬爾貝克（Malbec）為紅葡萄品種之一，皮薄色黑，原產於法國西南區，現為阿根廷種植面積最大的葡萄品種，所釀造的紅酒富含果香，酸度適中。

得到這種用途極廣的便鞋，於是我靈光一閃：這種懶人鞋說不定能吸引美國市場。不過，當時我腦袋裡早已裝滿一籮筐半成形構想，因此決定暫時擱置這個新主意。況且，我待在阿根廷的目的，是來享樂而不是來工作的。

旅行即將結束時，我在咖啡館認識了一位美國女士。她是志工，正和一群夥伴在當地推廣捐贈鞋子的活動。我覺得這概念很新鮮，她向我解釋，世上有很多孩子沒有鞋可穿，即使在阿根廷這種發展得還不錯的國家也一樣。此項缺憾不僅為他們的生活帶來諸多不便，更導致他們容易染上各種疾病。因此，她參與的組織會收集善心人士捐贈的鞋子，再分送給有需要的孩童。諷刺的是，該組織獲得的捐贈品，竟成為他們的致命傷，因為他們完全仰賴別人貢獻鞋子，便意味著無法全權掌控鞋子來源，就算捐贈的鞋子數量夠多，也常發生尺碼不合的情況。換句話說，那些鞋子送達當地後，仍有一大群孩子得繼續打赤腳，她看了很心疼。

和那位女士聊過之後，我便前往各地村莊閒逛幾天，又獨自蹓躂了數日，途中親眼見到衣食無著的困境，就在生活繁忙的阿根廷首都外圍真實上演，因而產生深刻的感悟。

我早就知道全世界的貧童經常沒鞋子可穿，這回卻是生平頭一遭目睹打赤腳的後遺症：腳掌起泡、紅腫、發炎，只因為那些孩子幼嫩的雙腳缺乏保護。

我想為他們做點事情，可是該做什麼才好？第一個念頭是：自行創辦鞋類慈善事業，但我不打算拜託外界人士捐鞋，而是央求家人朋友捐錢，以便定期為這些孩子購買合腳的鞋。當然，這如意算盤若想繼續打下去，前提是我必須先找到捐款人。雖然我有很多家人和一堆朋友，但我心知肚明，這類人脈遲早會彈盡援絕，接下來該怎麼辦？至於那些開始依賴我提供新鞋的社區，又會發生什麼狀況？當地的孩子需要的不只是陌生人偶爾施捨的鞋子，而是持續、可靠的鞋子來源。

於是，我開始在自己熟悉的商業和創業領域尋求解方。過去十年來，我先後創辦了幾個憑藉創意解決問題的事業，包括：提供大學生衣物送洗服務、成立真人實境節目有線電視頻道、開辦青少年網路駕訓課等。因此，我的腦海蹦出了一個點子：何不成立一個專為貧窮兒童供應鞋子的營利事業，並設法取得穩定的鞋子來源，而無須仰仗善心人士的捐獻？換句話說，透過創業而非慈善活動，或許就能

找到解決妙方。

　　拿定主意後，我立刻興致勃勃地把這想法告訴我的新朋友阿根廷馬球教練阿雷侯・尼提（Alejo Nitti）：「我打算成立一家公司來製造新式阿根廷懶人鞋，而且每賣出一雙鞋，就送一雙新鞋給一名有需要的孩子，捐贈數量沒有固定比例和公式。」

　　這是個簡單的概念：今天賣一雙鞋，明天就捐一雙鞋。儘管我在製鞋業缺乏工作經驗和相關人脈，但還是覺得這構想很正點，而且我幾乎馬上就幫新公司想好了名字：TOMS。本來考慮叫它 Shoes for a Better Tomorrow（美好明日鞋），後來簡化為 Tomorrow's Shoes（明日鞋），最後改稱 TOMS（湯姆斯）。現在你終於知道為什麼我的名字是「布雷克」，而我的鞋公司卻叫做「湯姆斯」了吧。TOMS 不是指某個人，而代表一項承諾──創造美好明天。

　　接下來，我問阿雷侯是否願意與我攜手共創大業，因為我非常信任他，當然也需要一名翻譯員（我不懂西班牙語）。他立刻欣然接受這個可以幫助同胞的好機會，於是我倆一拍即合，從鞋類門外漢（他是馬球教練，而我不懂鞋子）變成了創業二人組。

大事底定後，我們不是在阿雷侯家的穀倉工作，就是出門和當地鞋匠見面，期望能找到願意跟我們合作的對象，每回碰面總會仔仔細細地向他們描述我們想要的產品：一種外型像阿根廷懶人鞋、專為美國市場製造的鞋子，它比

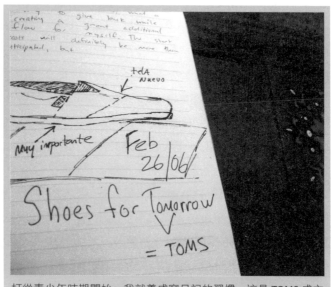

打從青少年時期開始，我就養成寫日記的習慣。這是 TOMS 成立早期我親手繪製的鞋樣草圖。

懶人鞋舒適耐用，而且能讓追求時尚的美國消費者覺得更討喜、更新潮。我相信在阿根廷存在了上百年的懶人鞋肯定會受到美國人歡迎，但也很訝異從前居然沒人想過要從海外引進這種鞋子。

大多數阿根廷鞋匠都以為我們是神經病而拒絕合作，理由是他們聽不太懂我們在胡扯些什麼。皇天不負苦心人，我們終究還是找到了一名也稱得上神經病、願意相信我們的當地鞋匠。接下來幾星期，阿雷侯和我必須長途跋涉，經過一條條未鋪柏油、布滿坑洞的道路，按時前往那名鞋匠的「工廠」——其實是個和美國一般住家車庫差不多大小的房間，裡頭只擺了幾台老舊的機器和有限的鞋料。

雙方每天都得長時間討論懶人鞋的適當製作手續才能收工。比方說，我很擔心只有深藍、黑、紅、淺棕等傳統色系的懶人鞋沒有銷路，所以堅持自創一些花樣，包括：條紋、格紋、迷彩紋等。（如今最暢銷的鞋色有哪些？依然是深藍、黑、紅和淺棕色，這點讓我學到了「不經一事，不長一智」的教訓。）那位鞋匠始終不明白我堅持自創花色的理由，也搞不清楚我們為什麼想給傳統的懶人鞋添加皮襯裡和改良式橡膠底。

我別無他法，只能懇求他信任我。不久之後，我們也開始與其他鞋匠合作。他們都窩在灰塵密布的房間裡工作，室內只有一、兩台老舊的車線機，地上散落著碎布，還有公雞、毛驢、蜥蜴四處晃蕩。這些鞋匠世世代代以同樣的方式製作同樣的鞋子，所以我能理解他們為什麼都用狐疑的眼神看著我和我的設計圖。

　　接著，我們決定測試一下新的鞋底材料是否耐用，於是我穿上工廠製作的原型鞋，在阿雷侯陪伴下，刻意拖著腳步，沿著布宜諾斯艾利斯的水泥街道行走，看起來簡直跟瘋子沒兩樣，路人都忍不住停下來瞪我兩眼。有天晚上，我甚至被一名警官攔下，他以為我喝醉了，阿雷侯向他解釋我只是「有點怪怪的」，他才放了我一馬。透過這種非正統測試程序，我們終於得知哪類材質可撐得最久。

　　我和阿根廷的鞋匠們共同完成了兩百五十雙樣品鞋之後，就把它們塞進三個帆布袋準備帶回美國，隨後便與好友阿雷侯道別。在當地產製鞋子期間，無論我倆起過多麼激烈的爭執，每天傍晚一定達成某種協議，次日早上又繼續幹活。事實上，阿雷侯全家人始終支持我，就算我們壓根兒不知道接下來會出什麼狀況，他們照樣力挺到底。

我帶著裝滿三大帆布袋的懶人鞋，很快回到了洛杉磯，接下來就得思考如何處置它們。當時，我依然不懂時尚、零售、鞋子，或者跟鞋業有關的任何事務。雖然我自認擁有一項超讚的產品，卻不知該怎麼做，才能找到願意為它掏腰包的顧客，於是邀請幾位最要好的女性朋友共進晚餐，然後把我的故事告訴她們，包括：我的阿根廷之旅、製作鞋子的動機，以及成立TOMS的構想。故事說完了，就一邊把我的產品秀給她們看，一邊問道：你們認為這些鞋子會有市場嗎？我該拿去什麼地方賣？售價應該是多少？你們喜不喜歡？

　　值得慶幸的是，這幾位朋友都喜歡我的故事和TOMS的創業概念，也愛上那些鞋子，還為我寫下幾家可能有興趣幫我賣鞋的鞋店名字。最棒的是，當天晚上，她們都穿著堅持向我購買的懶人鞋離開我的公寓。這是個好兆頭，也是個好教訓：你不見得非向專家徵詢意見不可，有時候顧客就是你的最佳顧問。

　　當時我已回到自營的網路駕訓公司上班，不能花太多時

間推銷懶人鞋。原本還老神在在地以為這不會有大礙，反正我可以透過發送電子郵件和打電話來搞定一切，不過這種天真的想法卻導致事情毫無進展，也讓我學到不少寶貴的教訓。第一個教訓就是：無論我們多麼容易跟別人進行遠距交涉，有時最重要的工作還是得親自出馬完成。

因此，我挑了個日子把幾雙懶人鞋塞進帆布袋，逕行前往朋友指名的一家重要鞋店——美國風小舖（American Rag）——求見採購主管。櫃台小姐告訴我，我運氣很好，因為採購主管恰好待在店裡，而且有空見我，於是我就走進辦公室，告訴她 TOMS 的故事。

這位主管每個月必須檢視、評鑑的鞋子數量，多得超乎你想像，當然也超過美國風小舖的庫存容量。不過，她從一開始就看出 TOMS 不只是個鞋子廠牌，更代表一則故事。她欣賞這個故事和這種鞋子，也知道她有能力推銷兩者。TOMS 就這樣擁有了一位零售業客戶。

另一項重大突破旋即接踵而至，《洛杉磯時報》時尚版撰稿人莫爾（Booth Moore）也很欣賞我們的故事和鞋子，於是採訪我並寫了篇文章。文章見報不久後的某個週六早上，我一覺醒來，便發現我的黑莓機彷彿被魔鬼附身似的，

在桌上不停地打轉。當時，我曾為 TOMS 剛成立的網站做了個設定：每收到一份線上訂單，就傳電子郵件給我，因此黑莓機每天大概都會進來一、兩封信；但是那個週六早上，這黑莓機竟如同失控般頻頻震動，搞得電池突然耗盡了電力。我不知道出了什麼差錯，索性把它留在桌上，隨即出門跟幾位朋友相偕去享用早午餐。

一抵達餐廳，我就瞧見《洛杉磯時報》頭版大事欄裡刊載了莫爾的文章，TOMS 上了頭條！怪不得我的黑莓機會瘋狂亂轉，原來是我們的網站已經湧入九百份訂單。那天下班時，我們總共收到了兩千兩百份！ 這是好消息，壞消息是：我公寓裡大約只剩一百六十雙鞋，而我們曾在網站上向顧客承諾四天就能出貨，這下該怎麼辦？

大型免費分類廣告網站「克雷格名錄」（Craiglist）成了我的救兵，我趕緊寫好實習生徵人廣告張貼到該網站，隔天早上便收到大量回音。我從中挑出三位優秀人選，他們立刻與我並肩工作。其中一位留著龐克頭的小伙子名叫強納森，他負責打電話和發電子郵件通知訂戶：由於我們沒有庫存，因此收到訂單後無法迅速出貨，在我們拿到更多進貨以前，他們可能得等候八週才能取件。後來，兩千兩

百名訂貨者當中，只有一人取消訂單，原因是她即將出國
一學期。（順道一提，強納森至今仍待在 TOMS 處理全球
物流作業，而且照舊留著龐克頭。）

獨一無二的阿雷侯（圖右），他可能是我認識的人當中，唯一從
馬球球員改行當會計師，又轉行為鞋商的傢伙。

接下來，我必須返回阿根廷生產更多鞋子。我跟阿雷侯以及當地鞋匠見面後，決定趕製四千雙新鞋，而且必須說服他們做出我們設計的款式，另外還得物色願意只賣少量布料給我們、以滿足訂單需求的供應商。由於當地沒有一個鞋匠或工廠有能力從頭到尾做出完整的鞋子，我們只好驅車前往首都布宜諾斯艾利斯，在市區四處奔波，把布料運給車線工、將半成品交給鞋匠……。也就是說，我們得耗上半天的時間，開著車子在異常繁忙的街道上瘋狂奔馳。我嚇破了膽，只能雙手緊抓座椅，而早就習以為常的阿雷侯，則是一邊在車陣中鑽來鑽去，一邊用兩支手機通話。雖然我在美國開設駕訓課，但可從沒想過會遇到這種交通狀況。

與此同時，《洛杉磯時報》刊登了更多 TOMS 的消息，使我們曝光率不斷上升。接下來，《時尚》（*Vogue*）雜誌決定跨頁報導 TOMS 的故事，也讓我們聲名大噪。不過，我懷疑他們是否知道 TOMS 的成員，其實只有我和三位在我公寓裡上班的實習生。該雜誌登出的照片，特意把售價 40 美元的 TOMS 平底帆布鞋，跟標價 400 美元的馬諾羅布

拉尼克[2]細高跟鞋擺在一塊兒。《時代》、《時人》（People）、《O》、《淑女》（Elle），甚至是《青少年時尚》（Teen Vogue）等雜誌，也追隨該雜誌的腳步披露了我們的故事。

這段時間，我們的零售據點也從洛杉磯的新潮商店，拓展到諾斯壯百貨公司（Nordstrom）、全食超市（Whole Foods）、都會服飾店（Urban Outfitters）等全國性人氣商場。不久之後，有人發現綺拉·奈特莉（Keira Knightley）、史嘉蕾·喬韓森（Scarlett Johansson）、陶比·麥奎爾（Tobey Maguire）等演藝名人也都穿TOMS懶人鞋。我們的產品逐漸普及全國，我們的故事也開始流傳各地。

TOMS成立後的第一個夏天，就賣出了一萬雙鞋，而且全部出自我在洛杉磯維尼斯區（Venice）租下的公寓。我們不得不瞞著房東太太偷偷幹活，因為她是個怪咖，老愛當不速之客，三不五時就無預警地踏進我的公寓。幸虧她的車子滅音器很菜，我們在一條街外就能聽到她即將抵達

2 譯註：Manolo Blahnik，深受歐美名媛貴婦喜愛的西班牙高級鞋類品牌。

的聲音。每當屋裡有任何人聽見轟隆隆的汽車聲，大夥兒就趕緊徹底清理公寓，然後讓所有實習生溜進我的寢室躲起來，等房東太太出現時，就完全看不出公寓裡正在經營某個事業了。有時候，我們還會隨時捏著一把鑽子，以便在幾分鐘內「毀屍滅跡」。

■　　　■　　　■

我曾計畫只要懶人鞋產量達到一萬雙，就重返阿根廷履行承諾：送鞋子給有需要的孩子們。TOMS 達到這目標後，我決定帶著爸媽（他們從未離開過美國）、弟弟妹妹、實習生強納森，還有幾位在洛杉磯四處宣揚 TOMS 故事的好友同行。

我一回到阿根廷，便再度投入阿雷侯和當地鞋匠的工作團隊，並且合租了一輛附臥鋪的大巴士（內部空間寬敞，可存放數百個鞋盒）準備展開贈鞋行動。一行人從布宜諾斯艾利斯出發，花了十八個小時開著巴士前往阿根廷東北部各村落，有些夜晚就睡在巴士上，有些夜晚改住小型汽車旅館。我們歷時兩星期跑遍阿根廷，到過診所和學校，

我們的事業就從維尼斯區的這間公寓展開，左至右為：強納森、
賈瑞特、我、莉莎、哈吉米和艾莉，圖中所有成員迄今仍在
TOMS 工作。

還去了食物救濟站和社區活動中心，親手為當地的孩子們
套上一萬雙鞋。

那些孩子早就聽說我們要來，地方聯絡人也已事先通知
我們各地需要的鞋子尺寸。盼望有雙新鞋（或第一雙鞋）

的孩子們，無不熱切等候我們抵達，一見巴士進城，就興高采烈地拍手，那場面看得我多次淚崩，但也很欣慰我做對了一件事。我每到一站，總是情緒激動地含著愛與喜悅的淚水，為每個孩子穿上一雙鞋。九個月前，我憑著日記裡的一張草圖踏出了鞋子事業的第一步，現在我們已有能力提供一萬雙新鞋給有需要的孩童。此時此刻我才真正領悟到，一個簡單的構想就能發揮重要影響力，一雙鞋子就能創造許多歡樂。

分發鞋子時，我們盡量把事情安排得井然有序，要求孩子們依照他們的鞋子大小排隊。不知道尺寸的小朋友，可以站到一個畫在瓦楞紙箱背面的量尺上頭量腳丫（這是我媽出的主意）。不過，我們在整個活動進行過程中實在太激動了，差點辦不成正事。

還記得有個村子看起來形同一座垃圾場，每樣東西都破破爛爛，不是房子傾斜，就是滿街碎玻璃和垃圾，但孩子們都開心極了。他們聚集在我們四周嬉笑玩耍，發自肺腑感謝我們，我們的心再度被融化。我一看到爸媽熱淚盈眶就流下更多眼淚，他們見我落淚也立刻跟著又哭了起來。以往我從未真正體會過「喜極而泣」的滋味，現在我們都

深有感悟。這是我在當天寫下的日記內容：

2006 年 10 月 16 日

　　第一所學校的場面相當感人，我們在校內餐廳一字排開，所有孩子都坐在我們面前。阿雷侯對大家發言時，我知道我的夢想就要實現了！因為我們正在履行我的職志。我像嬰兒似的哭個不停，一邊擁抱阿雷侯，一邊環顧身旁所有的朋友，他們都從百忙之中抽空為我圓夢。我永遠不會忘記那所學校的餐廳，還有那些孩子的笑臉，他們的笑容激發了我為將來努力的動機。

那是TOMS第一次的送鞋活動，我回國以後就變了個人，因為我領悟到TOMS不只是我的另一份事業，也將為我創造最有意義的生活。除了TOMS之外，我已創辦了四種分別為我帶來不同滿足感的事業，但唯獨TOMS給了我不曾體驗過的充實感。它不僅是我和每位員工的生計來源，也使我有機會親近我喜愛的人群和地方，找到為窮人奉獻的方式。因此，我不須分頭完成不同的人生抱負（包括對自我、職業，或慈善行動的企圖心），而能一舉數得。

　　有了這番體悟後，我便當機立斷告訴駕訓事業合夥人，我想賣掉手頭的股份，對方很快就成全了我。因此，我得到一筆資金，可用來僱用道地的鞋業專家，接著TOMS延攬了幾位業內老手，打算擴大營運。

　　我擬定擴充計畫的同時，當然也開始思考下一次和下下次的送鞋活動。我創辦事業一向行事果決、渴望成功，也會挑戰自我，涉足新領域。現在，我的成功欲望更強了，因為我的所作所為，不只是為了滿足私人和TOMS這個大家族的利益，也為了援助全世界幾百萬名亟需鞋子的孩童。

如今商界呈現一股不同於過往的氣氛；我和企業領導人交談、到高中和大學校園演講、在咖啡館和同業贊助人聊天時，都能感受到這種變化。換句話說，雖然人們渴望成功早已不是新鮮事，但成功的定義改變了。追求成功與謀求財富地位，逐漸成為兩碼子事。成功的定義變得更廣，只要對世界有某種貢獻、能隨心所欲地生活和工作，就算是成功。

　　我創辦 TOMS 的時候，別人都以為我腦筋有問題。經驗老到的鞋業專家（又稱「鞋達人」）認為，我們的商業模式並非可長可久，至少是禁不起考驗，因為把「營利事業」和「社會使命」綁在一塊兒，只會把事情搞得太複雜，對兩者都不利。但我們發現，TOMS 之所以成功，正是因為我們創造了新的模式。由於 TOMS 的企業使命含有奉獻成分，因此我們製造的鞋子，不只是一項產品，也是某個故事、使命、運動（任何人都能參與）的一部分。

　　在資本主義變化無常的現階段，TOMS 只不過是新型成功企業的一個範例罷了。如果這家公司成立於我爸媽年輕

讓孩子們有鞋可穿，是 TOMS 的職志。左二是我的設計師兼好友惠特立基（John Whitledge）。

時代，甚至是我創辦第一份事業那段時期（與現在相隔不遠），恐怕不可能獲得大幅成長。在步調迅速、持續變動的現代社會中，要抓住創業機會比過去來得容易，但也必須遵守新的遊戲規則，因為某些成功的案例和信條只能拿來嘗試，未必真的可靠。

本書將為你和任何有志於開創重要事業的人提供指引和協助，我在書中提到一些違反常理的原則，TOMS 就是運用這些原則，把一個有趣的點子變成一家公司，並且在五年之內，送出一百多萬雙鞋給有需要的孩子。我還會告訴你，如何行動才能開創與眾不同的事業，無論你想創辦非營利組織、社會企業、新副業，或是為現有公司成立新的分支，都可以參考這些做法。你將讀到別人的創業故事，也會學到他們在商界發揮影響力、藉改變現狀開創志業的訣竅。雖然我們達成目標的手段各有不同，但至少還能找到某個共通的創業基礎。我認為每一名打算永續經營個人事業的創業者，都應該遵守我在書中討論的六個基本原則，本書也會教你如何應用它們。

這六項創業元素提供的教訓，可刺激你從不同觀點審視你的事業和生活。你會從中了解到：創業第一要件是發掘故事、戒慎恐懼也有好處、擁有龐大資源不如一般人想像得重要、凡事力求簡單是成功企業的核心目標、贏得信任是公司最重要的資產、樂善好施是創業者最重要的投資。

假如你跟我以及我認識的大多數人屬於同類的話，你會渴望追求意義，而不只是獲得事業成就，你也會希望擁有

完成個人愛好的時間與自由，並且貢獻己力把世界變得更
美好。

　　後文提到的許多故事將告訴你，你可以同時享有財富、
達到個人成就、對世界發揮正面影響力。如果你期望以這
種方式做生意、過生活，本書可幫助你跨出第一步。

第二章

發掘故事

我喜歡亞當・羅立（Adam Lowry）和艾瑞克・賴恩（Eric Ryan）的故事。這兩位年輕人自高中時代結為死黨，成年後與另外五名室友，在舊金山合租了一間他們形容為「全市區最骯髒的」公寓。亞當長得瘦瘦高高，身兼化學工程師和研究氣候變遷的環境科學家。艾瑞克體型瘦小，是蓋璞服飾（Gap）與土星汽車（Saturn）[1] 等品牌的行銷專家。

---

1 譯註：美國通用汽車於 1985 年成立的車廠，2009 年受次級房貸危機波及，被迫重整並取消廠牌。

這對死黨偶爾才會努力打掃公寓，但每次拿起清潔用品洗洗刷刷的時候，老是看不懂標籤上那些嚇死人的警語，有些產品甚至很少標示成分，用過之後還會害他們皮膚刺痛、眼淚直流。因此，他們想知道那些清潔品到底安不安全，是否不至於傷害自身或環境。有一天，兩人上谷歌（Google）查詢他們常用的清潔劑，想了解一下別人是否也心存疑慮，結果發現其他使用者的確出現過不適的情況，而且人數多得令人咋舌。

於是，他們決定自製比較健康、對環境和用戶無害的產品。由於亞當暫時失業，而且擅長合成化學物質，這對好搭檔就把廚房當實驗室，像瘋狂科學家地調製混合物。公寓裡很快便出現一堆盛滿混合化學成分的塑膠啤酒罐，上頭都用遮蔽膠帶貼著「禁止飲用！」警語。兩人就這樣慢慢開發出無毒成分的高效清潔劑。

接著，艾瑞克在他們的公寓附近，找到一家專為其他公司生產清潔劑的廠商，以及一位願意跟兩個菜鳥合作，共同創造另類環保清潔劑的專業科學家。

2000 年，他們推出了系列產品，並刻意低調地命名為「美則」（Method，配方之意），第一項產品是用水滴型美觀

容器包裝的洗手乳。艾瑞克是包裝高手，美則公司的產品打從一開始，便以卓越的包裝設計自創一格，也等於是向消費者透露一個重要訊息：包裝內容物都經過審慎處理。不過，雖然艾瑞克和亞當為產品提供了出色的環保標語和設計，但始終難以找到經銷點，原因當然是人手、庫存、經費嚴重不足——他們銀行戶頭裡的存款，一度只剩下 16 美元（約新台幣 500 元）。

兩人好不容易說服舊金山一家商店販售他們的產品之後，卻無法滿足店家的訂單需求，因為手邊的浴室清潔劑數量不夠，必須趕快思考對策。情急之下，他們想起曾把樣品送給多位朋友，於是打電話找到那些朋友並取得各家鑰匙，隨後便衝去朋友住的公寓，收集他們能夠找到的所有清潔劑，接著再趕回家把清潔劑倒進新瓶子，然後帶著訂單跑去經銷店，在顧客打算取消訂貨前的幾分鐘，及時趕到店裡交貨。

後來，亞當和艾瑞克引起了媒體的注意，並且獲得《時尚》、《時代》和其他刊物的報導，因為他們能用引人入勝的故事，告訴大眾他們是誰、為什麼想開發清潔劑，以及這些產品對環境的安全性。一路走來，他們也培養了一批

死忠顧客。那些消費者不但發現美則公司的產品很好用，而且認為他們與某個感人的故事和運動產生了連結。

美則公司除了力行簡單、透明的經營作風，還建立了一份「黑名單」，如果發現任何常用清潔成分有害家庭或地球，就永遠禁止自家產品採用該成分。舉例來說，業界常以牛油作為乾衣機專用柔軟紙的柔軟劑，但牛油是一種「黑」成分：很多人一旦得知他們扔進乾衣機的衣服能夠變得柔軟一些，是牛群遭到屠宰換來的結果，肯定會大驚失色。因此，美則公司生產的衣物柔軟紙禁用牛油，而是添加植物種子油。該公司自稱「反黑者」，就代表了它們的故事。

如今，美則公司已成為全世界最大的環保清潔劑品牌，全美銷售據點包括：全食超市、標靶商場（Target）、好市多量販店（Costco）、杜恩立德藥妝店（Duane Reade）、史泰博辦公用品店（Staples）等。美國有線及衛星電視台家庭購物聯播網（Home Shopping Network）曾報導，美則公司洗手乳的銷售量，在同類產品中排名第三。《快速企業》（*Fast Company*）雜誌也將該公司名列美國第七大成長最快的企業：2001年營業額不到9萬美元，2007年已高達

近 1 億美元。

不僅公司成長迅速，艾瑞克和亞當也在 2006 年被善待動物組織（PETA）提名為「年度風雲人物」，《時代》雜誌也在 2006 年的「生態領導名人錄」專欄中報導他們。

這都是艾瑞克和亞當擁有開創新事業的構想、耐人尋味的故事，以及打開銷路的產品所帶來的結果。這對好兄弟因為擔心他們使用的清潔產品有毒，於是自創一家公司以對環境友善的方式製造清潔劑。這些故事也讓消費者感受到艾瑞克和亞當建立品牌的熱情，否則他們不會花太多時間、為正當理由去思考清潔用品成分。美則公司讓消費者有理由把從前不曾慎重考慮的決定，變成富有意義的決定。

故事的力量

故事是最原始、最單純的溝通形式。西方文化中最歷久彌新、最振奮人心的概念和價值觀，就埋藏在某些故事裡。古希臘詩人荷馬（Homer）為沒有文字的年代撰寫的史詩，

凝聚了希臘的民族精神；古羅馬詩人維吉爾（Virgil）創作的詩篇，也有異曲同工之妙；耶穌則以道德寓言教誨門徒。以故事表達奇思妙想、喜歡聆聽故事、從故事中學習、為別人傳頌故事，似乎是人類與生俱來的能力。

撰寫《說故事超簡單》（*Super Simple Storytelling*）一書的知名作家及說故事專家海文（Kendall Haven）指出：「人類的大腦主要是靠各種故事和敘事架構來理解、回憶和規畫自己的生活，以及在人生旅途中遇到的無數經驗和插曲，並且為它們賦予意義。」放眼未來的聰明企業，莫不善於透過新的管道來運用這類原始本能，例如在 YouTube 和 Facebook 上披露可供人們觀賞並分享的故事。

如果你擁有一段令人回味的故事，能讓別人了解你的為人和使命，你的成就便不再取決於擁有多少經歷或學位，或認識哪位大牌人物。一篇好故事可以超越國界、打破藩籬、開啟門戶。它不僅是創業要件，也是釐清個人身分和選擇的關鍵。

故事會牽動情緒，情緒會引發聯想，因此某些公司才會改弦易轍，不再仰賴簡單、直接的廣告活動，如美國電視劇《廣告狂人》（*Mad Man*）描繪的那種方式來吸引顧客。

在只有三個電視頻道的年代，《廣告狂人》運用的廣告型態確實可達一定功效。那時泛美全球航空、通用汽車，及菲立普莫里斯香菸公司[2] 等知名企業掌控口碑的做法，是用這類廣告詞轟炸消費者：福特卡車最耐用、冠潔（Crest）牙膏讓牙齒最潔白、可口可樂是最提神的汽水飲料。

我不認為上述做法在今天依然可行，因為媒體各據山頭的情況更甚於以往，分散了消費者的注意力。人們不再固定聆聽或觀看幾家電台或電視節目，只會關注自己精挑細選的推特（Twitter）和部落格貼文、在五百多個電視頻道中選台、用膝上型電腦觀賞視頻網站 Hulu[3]、點擊 YouTube 影音片段、閱讀 Kindle 和 Nook 電子書[4]，以及在 iPad 上頭塗塗寫寫，有時這些事情可同步進行。

---

2 譯註：Philip Morris，為知名香菸品牌「萬寶路」（Marbolo）的製造商。
3 譯註：由美國國家廣播環球公司（NBC Universal）和新聞集團（News Corp）合資成立的網站，於 2008 年正式啟用，提供經授權的正版影視作品和電視節目。
4 譯註：Kindle 由亞馬遜網路書店（Amazon）開發，Nook 則為邦諾書店（Barnes & Noble）的產品。

如今，渴望引起消費者注意的產品實在太多了，而消費者只須在電腦前按一個鍵即可做選擇，因此他們若想根據廣告資訊來決定購買哪樣產品，照理說應該比較容易取捨，實際上卻是更難下決定。消費者不但得篩選過多的產品項目，選擇過程中往往也會產生心理矛盾。舉例來說，雪佛蘭汽車到底是最好還是最差的車子，端視你相信哪一個汽車部落格的推薦而定。用冠潔牙膏還是高露潔牙膏刷牙，才會讓牙齒最潔白？某篇網路貼文說的是一回事，文末一堆評語說的又是另一回事。

　　除非廣告訊息一開始便抓住你的心，否則你可能一轉眼就忘了大部分內容。企管顧問席蒙絲（Annette Simmons）為此現象提出以下解釋：「事實是中立的，直到人類自作主張為那些事實添加意義，才喪失中立性。一般人總是根據自認為有意義的事實，而非事實本身來做決定，還會依據現有故事為事實賦予意義⋯⋯那些事實完全無法影響別人。人們不需要新的事實──他們只需要新的故事。」

　　一大串事實的影響力，就是比不上一則簡單、動聽的故事，這點已經有科學明證。2009 年，卡內基美隆大學（Carnegie Mellon University）的研究人員曾比較人們的行

為如何受到抽象事實和具體故事所左右。研究團隊給每位受訪學生 5 美元，以完成一項跟各種科技小玩意有關的調查。那些學生並不知道，研究人員提出的問題其實與這項調查毫無瓜葛，主要目的是想觀察參加的學生拿到 5 美元後有何反應。「研究」結束時，學生們分別得到五張 1 美元的紙鈔，還有兩份信件中的一封。那兩封信都要求他們把剛到手的錢，捐出一部分給知名國際慈善組織「拯救兒童」（Save the Children）。

其中一封密密麻麻列出非洲國家馬拉威因嚴重缺雨導致作物減少、食物短缺的事實和統計數字，另一封則敘述一位名叫羅琪雅的馬拉威七歲赤貧女孩的感人故事。

拿到填滿統計數字那封信的學生，平均捐款 1.14 美元，而讀到羅琪雅故事的學生，捐獻了 2.38 美元，金額為前者的兩倍有餘！接著，研究人員把兩封信一併交給第三組受試者，結果發現這些學生的捐款，比只讀到羅琪雅故事的學生所貢獻的錢，少了將近 1 美元。事實固然重要，但故事更重要。如果只提供枯燥的事實，甚至會減損故事的影響力。

高汀（Seth Godin）是我最欣賞的行銷大師之一，他曾一

針見血地點出商業故事的重要性。「人們不是那麼擅長牢記事實，」他在《肉丸聖代》（*Meatball Sundae*）一書中寫道：「如果他們真的記住了，到頭來幾乎也只記得事實的背景。巴塔哥尼亞公司（Patagonia）生產防寒外套，很多公司也製造同類產品，而且十之八九會以較低的價格和產量銷售那些外套，獲利也較差。那些廠牌競爭不過巴塔哥尼亞公司，是因為巴塔哥尼亞的外套比較好看或保暖嗎？絕非如此，原因在於巴塔哥尼亞創造（並實踐）了一個與服飾業較無關連、而跟環保概念比較有關的故事。它們的使命宣言是：建立最優良的產品，避免製造不必要的傷害，運用商業來激發並實施環境危機解決之道，而且該公司百分之百遵守使命。」

善用故事做廣告最成功的一個近例，其實是無心插柳的結果。1990 年代末，Subway 潛艇堡公司曾推出一系列健康三明治，同時搭配一項廣告活動，只用生硬的數字敘述其產品，說明它們即將推出七種含脂量低於六公克的潛艇三明治。

雖說關心數字的消費者不多，但 Subway 在 1999 年意外發現了一位對數字很敏感的大學生佛哥（Jared Fogle）。

當時，他的體重曾逼近一百九十三公斤，而且被診斷患有水腫，可能引發糖尿病、心血管疾病和其他嚴重健康問題。腰圍粗達六十吋的賈瑞德，自知必須減重才能避免罹患重病，於是開始食用他所謂的「潛艇堡餐」——午餐吃一份低脂潛艇三明治，晚餐再吃一份。

三個月後，賈瑞德甩掉了近四十五公斤的體重，並打算再接再厲。他違反常理靠三明治節食的報導文章，開始出現在某些報紙和雜誌上。有位潛艇堡加盟業者讀到其中一篇文章後，就把它寄給該公司的廣告代理商，後者便去追蹤賈瑞德的下落。潛艇堡公司的某些主管認為，賈瑞德的故事固然令人印象深刻，但不一定能讓潛艇三明治大賣，於是該公司嘗試挑選了幾個地點，然後以賈瑞德的故事為主軸，推出一項實驗性廣告活動，結果一鳴驚人。後來潛艇堡又援用賈瑞德的故事，聲勢浩大地打出另一波全國性廣告。

雖然先前主打七種低脂三明治的廣告成效不彰，但賈瑞德的故事讓潛艇堡在廣告問世的頭一年，增加了 18% 的營業額，次年又提高了 16%，而其他連鎖店的營業額成長率，都不及這些數字的一半。

「故事」比「事實」更能引起共鳴

坦白說，TOMS 成立之初，我還不了解「故事重於事實」的道理，但我學習得相當快。事實上，當我領悟到 TOMS 既是個故事，也是個產品的那一刻，就明白這番道理了。

2006 年 11 月間，我在紐約甘迺迪機場發生了一段遭遇。那天我為了趕搭飛往洛杉磯的航班，於是穿著球鞋從體育館直奔機場。這件事很不尋常，因為我平日幾乎只穿 TOMS 懶人鞋。

這趟出差很辛苦，因為 TOMS 還是個年輕的小公司，紐約主要時尚品零售商的鞋類採購人既難纏又世故，根本不了解我們的使命，所以我待在紐約那個星期，沒能完成任何交易，離開時覺得有點洩氣。

當我在美國航空公司（American Airlines）的自動服務機前辦理報到時，注意到身旁有位女士穿了一雙紅色的 TOMS 懶人鞋。由於 TOMS 正值草創階段，我還沒看過家屬、朋友、實習生以外的任何人穿我們製造的鞋子，因此

這一刻對我來說意義非凡。

於是，我壓抑著興奮之情問道：「我好喜歡妳的紅鞋，是什麼牌子的？」那位女士立刻杏眼圓睜、容光煥發、落落大方地說：「TOMS！」反應速度之快，彷彿我在自動櫃員機上按了個鈕似的。我力持鎮定、兩眼發直地繼續操作自動票務機，沒想到那位女士突然興奮地抓住我的肩膀，將我從機器前拉到一旁，接著就像連珠炮似地告訴我TOMS的故事。

她說：「你應該不知道，我買了這雙鞋以後，他們就會捐一雙鞋給一個阿根廷小孩吧？這家公司的老闆住在洛杉磯，他去阿根廷度了個假以後，就冒出這個點子──我想他應該是住在一艘船上啦，還上過電視節目《驚險大挑戰》呢──這家公司真了不起，它們已經捐出幾千雙鞋子囉！」

她愈往下說，我愈覺得尷尬，也知道我該表明身分，不能就這麼離開滿臉雀躍的她，於是我說：「其實我就是布雷克啦，TOMS是我創辦的。」她直視我的眼睛問道：「你為什麼把頭髮剪了？」我聽了一愣，但馬上就明白她曾在YouTube看過我們為某次送鞋活動拍攝的影片，那時我頭髮比現在長得多，難怪她沒認出我來。不過，這也足以說

明她有多麼注意那段影片和我們公司。

接著，我給了她一個擁抱便走向登機門。直到坐上飛機之後，才發覺自己剛剛遇見了一個奇蹟。我想到那位女士居然願意主動、熱情地把 TOMS 的故事，告訴我這個素未謀面的陌生人，不禁好奇她對多少人提過這個故事？既然她樂於說故事給我聽，就表示她也可能跟家人、朋友講過同樣的故事，甚至把她的鞋子照片貼到臉書，或者跟朋友們分享 YouTube 介紹 TOMS 的影片。她究竟影響了多少人？

我也很想知道：「要是有幾萬人，甚至幾十萬人都穿上TOMS鞋，結果會怎樣？如果他們把TOMS的故事告訴三、四個人，這些人再把故事傳下去⋯⋯。」呢，後面的數字還是留給你去算吧。

從那一刻起，我充分了解到我們的故事帶來的影響力，也注意到故事的重要性。我藉由故事還了解到另一件重要的事：訴說 TOMS 故事的人，除了顧客之外，還包括我們的支持者。購買 TOMS 鞋的人，不只是告訴別人他們向我們公司買了一雙好鞋而已，還喜歡提到他們支持我們的產品、故事和使命。他們支持 TOMS 的方式，不是隨機購買

者所能做到的。支持者的重要性勝於顧客。

話說回來，企業獲得支持者的先決條件，是必須擁有值得推崇的故事。舉例來說，艾克森美孚石油公司（Exxon Mobile）大可隨心所欲地創造企業故事，而且只要付給多家公關公司足夠的經費，就能美化企業形象。不過，艾克森或是聯合碳化物公司[5]、菲力普莫里斯香菸公司，以及高盛投資集團，向來只把賺錢擺第一位，全力捍衛資本主義者的牟利動機。可是，當消費者聽了「艾克森的故事」[6]以後，卻不再光顧艾克森加油站，而改去殼牌石油（Shell）加油站。

有良知的資本主義固然也重視獲利，但還不至於被利益沖昏了頭，而會創造成功的企業，讓支持者與某個帶給世界龐大影響的重要使命產生連結。假如顧客只是消費者，

---

5 譯註：Union Carbide，美國主要石化企業，1984 年該公司設於印度的一座殺蟲劑工廠，曾發生毒氣大量外洩事件。
6 譯註：指 1989 年 3 月 24 日，艾克森公司油輪「瓦德茲號」（Valdez）在美國阿拉斯加州的海灣觸礁，導致大量原油外溢，造成美國有史以來最大生態浩劫之一。

他們會為了某些典型的理由——性能較佳、迎合時尚、價錢划算、提供創新——而渴望擁有你的產品；但如果顧客成為支持者，他們會相信你的作為，也會被你的故事打動而擁護你，而且想成為這故事的一部分。

因此，甘迺迪機場那位女士扮演了重要的角色，每家公司都需要像她這樣的支持者。顧客和員工總是來來去去，支持者才是與你長相左右的人。

■　　　　■　　　　■

美國電話電報公司（AT&T）適時走入 TOMS 的故事，在我們的成長史中扮演舉足輕重的角色，2009 年曾幫助幾萬名孩童獲贈新鞋。這兩家公司的合作關係，是透過非刻意安排的說故事行動而建立的。

2008 年，我曾接受美國國家廣播公司（NBC）旗下電視台 LXTV 的訪問，在一分半鐘的受訪影片中敘述 TOMS 的故事。後來這段影片曾在五千輛紐約計程車內的迷你電視上播放，有成千上萬名乘客看過。

其中一位乘客恰好是黃禾國際廣告公司（BBDO）主管，

該公司曾多次與 AT&T 合作，內部人士認為 TOMS 的故事，很適合用在他們為 AT&T 籌畫的廣告活動中，於是傳了封電子郵件到我們的客服信箱 info@TOMSshoes.com 與我洽談合作。他們發現我其實是透過 AT&T 通訊系統在經營海外事業之後，便請我拍攝一支電視廣告，由曾獲奧斯卡獎提名、電影《柯波帝：冷血告白》（Capote）的女導演班米樂（Bennett Miller）掌鏡，拍攝作業歷時一星期，大部分在加州聖塔摩尼卡（Santa Monica）的 TOMS 總部，以及某次烏拉圭的送鞋活動中完成。

這支廣告在 2009 年播出了一整年，為 TOMS 和 AT&T 創造了雙贏。AT&T 因為引用 TOMS 的故事而受惠——它們從這個故事獲得了靈感，改採人性化的方式與顧客建立關係（一如賈瑞德在不同的廣告類型中為潛艇堡所做的事），TOMS 也因為能在全球性重要品牌 AT&T 的廣告中曝光而提高知名度。這件事告訴我們：提供觸動人心的故事，是企業和重要顧客建立關係的最佳途徑，而且可吸引潛在的事業夥伴，讓他們渴望投身於比從事商業交易更有意義的事務。

足下功夫

剛創辦 TOMS 的時候，我不管走到哪裡，總是習慣給左腳和右腳分別套上不成雙的鞋子，例如左腳穿紅鞋，右腳就穿藍鞋（有時左腳穿上有蠟染圖案的鞋子，右腳則穿黑鞋），目的是引人注意。這樣一來，每當別人問起我的鞋子為什麼不成對，我就可以告訴他們 TOMS 的故事。這方法很有效，比起我穿上成對的 TOMS 懶人鞋，讓我擁有更多說故事的機會。

作業：找尋自己的故事

現在，你該思考如何發掘自己的故事了，以下提供幾個訣竅。

幾乎每個人都會對某件事產生狂熱，但有時卻很難說出自己熱愛哪件事，而且很容易就喪失那份熱情。究其原因，有時是因為日常生活分散了我們的注意力，有時只是因為在閒話家常和進行買賣的過程中，從來沒人問過我們有何夢想。因此，先釐清自己的愛好很重要。當你了解自己熱愛的事物，就能找到自己的故事。

我偶爾會問別人下面三個問題，假如你不確定自己酷愛什麼事，不妨也自問：

- 如果你不必為錢發愁，你會如何運用時間？
- 你想從事何種行業？
- 你想完成什麼使命？

一旦你能答出這幾個問題，就會知道自己的志趣。請稍安勿躁，或許你會發現，你需要沉澱一段時間，才能想出最正確的答案。只要了解自己熱愛什麼，你的故事就有了骨幹，計畫也有了起點。

　　你愈熱愛自己的工作，愈有可能督促自我精益求精，努力達到成功。如果你遵循自己的愛好來安排生活，就可以把這項志趣融入你的故事，進而將這個故事變成你的志業。

把你的故事告訴全世界

　　當你找到自己的故事並展開個人計畫（無論是創辦事業、成立慈善組織，或謀求新職）後，該如何散播這個故事？最重要的一點是：下定決心不放過每個說故事的機會。這並非可偶一為之，而是必須專心處理的要務，否則你不會投入時間宣傳和分享你的故事。

　　TOMS 的故事很簡單：我們製作好鞋，每賣出一雙，就捐出一雙給一名有需要的孩子。最近，我們也開始沿用「賣

製造親切感

美國德州各餐廳都會販賣一種新品牌伏特加「醒多思」（Titos），因為當地餐飲界充斥灰鵝（Grey Goose）、思美洛（Smirnoff）、絕對（Absolut）等高價名牌伏特加，唯有醒多思才是真正產自德州的品牌。該公司創辦人伯特・比佛立基二世（Bert Butler Beveridge II）——別名「提多」（Tito）——善於運用這項特點，打進別人認為早已過度飽和的高價伏特加市場。伯特並未製造另一種高檔伏特加來跟既有品牌競爭，而是靠舉世無雙的德州伏特加創造了一個故事，因此迅速獲得以德州為榮、想助他一臂之力的當地餐廳老闆的支持。

每個人都屬於某個社群，不管你是根據個人的背景、國籍、就讀的大學，還是你最喜歡的球隊而選擇加入，在確認自己想要歸屬哪些社群之際，你可能會發現某個團體（和故事）讓你產生親切感，而且可幫助你白手起家、保留心儀工作、達到理想目標。

一捐一」模式，推出可挽救及保護視力的 TOMS 眼鏡。換句話說，TOMS 每賣出一副墨鏡或眼鏡，就為窮人治療視力、配製眼鏡，或者提供由非營利組織賽瓦基金會（Seva）安排的眼科手術，該基金會與我們合作推廣護眼行動。

我們每天都在思考傳播故事的新招數，曾經花了七十天的時間開著「氣流牌」（Airstream）露營拖車跑遍全國，在各地的諾斯壯百貨公司舉辦為全世界送鞋的活動，並邀請粉絲和顧客共襄盛舉，也曾拍攝一部三十五分鐘長、在紐約翠貝卡影展（TriBeCa Film Festival）首映的紀錄片，另外還在公司裡成立校園部門，以支援想加入送鞋活動的中學生和大學生。

我們也迅速採用來自支持者、而非公司內部腦力激盪所提出的點子。例如 2008 年，南加州佩普丁大學（Pepperdine University）的 TOMS 社團學生，安排了一項赤腳走校園的活動，讓學生們體驗沒鞋子可穿的感受。我們認為這點子好極了，不久之後便如法炮製，推出一項正式計畫：每年四月都舉辦「一日無鞋」活動，邀請顧客和粉絲效法佩普丁大學的學生，一整天不穿鞋子。後來，各級學校、大小企業，以及其他許多地方，也曾發起「一日無鞋」活

動。2010 年，全世界有二十五萬餘人參加該活動，其中一千六百人透過我們的網站報名。（有興趣參加者，可進入下列網址登記：www.onedaywithoutshoes.com）

千萬不要以為只有組織內部人員才能貢獻好點子，有時候，企業支持者也能想出和組織員工的新構想一樣令人刮

參加「一日無鞋」活動的 TOMS 員工和當地粉絲，一律光腳沿著聖塔摩尼卡的碼頭行走。2010 年的活動盛況空前，全球參加者逾二十五萬人。

目相看的好主意。TOMS 從未停止思考如何翻新說故事的手法，因為我們相信自己的故事。任何組織內部和外界人士，都能察覺真實的故事和為了營利所編造的故事之間有何區別，身為領導者的你也一樣。只要你真心喜愛自己的故事，肯定會樂於和別人分享。

要把故事傳揚出去，還有以下幾個做法：

盡可能和每個人分享你的故事

製作一份名單，列出與你有某種關係、且能幫你傳播故事的每個團體，名單可能包括：網路社群（例如臉書、推特的網友群）、校友會、週末球隊、瑜伽班、教堂團契等等。這些社群即使不會積極與你聯絡，仍會關心你的動向。

但是，請不要只跟這些團體打交道，應該利用各種場合把你的故事告訴可能問「你從事哪一行」的人聽。我最喜歡和別人分享故事的場所包括：滑雪纜車、地下鐵、飛機、雞尾酒會、假日派對、商業交流活動，還有貿易展。只要把握機會大肆宣揚你酷愛的事情，就能迅速得知你的故事

會引起共鳴，還是索然無味──這麼做不但可將故事傳出去，也能找到潤色故事的新方法。

物色故事夥伴

故事不一定得獨立發展，假如你的故事跟別人的故事產生共鳴，就仿照 AT&T 和 TOMS 的做法，設法將兩個故事融合在一起。

如果你的故事比你的產品或服務（或你本人）更重要、更有趣，其他人士和企業也會願意把你的故事融入他們的故事，與你共享光環效應。TOMS 的故事夥伴包括：《時尚》雜誌發行人──他把 TOMS 懶人鞋當作節日賀禮，送給一群交情匪淺、大都沒聽過 TOMS 這個名號的熟人；勞倫（Ralph Lauren）[7]──他開創一系列印有特殊花色和打上補丁的限量版 TOMS 懶人鞋，並且擺在全美羅夫勞倫精

---

7 譯註：美國服裝品牌 Ralph Lauren 創辦人，該公司專事設計和生產高級休閒及半正式男女服裝，以馬球衫（polo shirt）最著稱。

品零售專賣店銷售；以及喜瑞高級服飾店（Theory）——
該公司將 TOMS 懶人鞋放在曼哈頓旗艦店高達十八公尺
的「偶像商品牆」，以及其他分店較小的牆面上展售，每
一座牆都標示著巨大的英文字「GIVE」（奉獻）和轉述
TOMS 故事的文本，這種做法用意很簡單：與顧客分享他
們喜歡的故事。

小心經營你的線上故事

　　假設有人想僱用你、徵詢你的意見、加入你的事業，甚
至想跟你約會，對方一定會用谷歌搜尋你的資訊，接著就
會看到你的臉書頁面，或是你上傳到 Tumblr（輕部落格網
站）或 Flickr（圖片分享網站）的貼文或貼圖。如果這些
圖文資訊欠缺吸引力，無法讓別人對你的故事發生興趣，
就很難受到大眾注意。

　　解決之道並非設法從網路上銷聲匿跡，而是逆向操作：
讓未來的夥伴、員工、同事（和約會對象）找到你。雖說
在網路上曝光，是強化個人形象的好方法，不過關鍵是：

你的網路形象必須代表真正的你，而且符合你的故事描述的主要事實——千萬別把你不希望任何人發現的事情公諸於網路，谷歌可不在乎別人搜尋到令你出糗的結果。

尋找喜愛你的故事且有影響力的人

美國作家葛拉威爾（Malcolm Gladwell）在暢銷書《引爆趨勢》（*The Tipping Point*）中提到的「連結者」，存在於各行各業之中，他們是人際網絡中動見觀瞻的鋒頭人物。你應當在他們面前說出你的故事，再由他們把故事告訴給別人。如果你跟某個宅男宅女分享你的故事，或許能得到一個新的支持者，但和社交圈裡的核心分子分享故事，才能產生加乘效應，用力把你的故事傳出去。

提供明確的陳述

了解你的聽眾很重要，應該把故事焦點放在你打算提供

的某個明確概念、產品或專長上。你不可能同時做到既迎合所有人的喜好，又維持你的信譽和尊嚴，因此必須運用自身實力創造故事，吸引你真正想要的支持者。

「喜克絲」魅力無法擋

沃薇爾絲（Susan Walvius）長期擔任大學女子籃球教練，立下了不少汗馬功勞，在接任南加州大學教職以前，曾任教於多所學校。2002 年，她率領南加大女籃隊打進了全國大學體育協會（NCAA）籃球錦標決賽八強。馬珂妮安可（Michelle Marcniank）曾是田納西大學女籃校隊名將，參加過兩場全美冠軍賽（1996 年名列 NCAA 四強決賽「最有價值球員」），畢業後在全國女籃協會待了一段時間，成為南加大教練沃薇爾絲的同事。

兩位女士投入體壇二十餘年，培養了精通運動服布料的專長。有一天，馬珂妮安可發現一種她很喜歡的

新布料，於是帶給沃薇爾絲瞧瞧。沃薇爾絲認為那種布料品質很棒，就對馬珂妮安可說：「我好想擁有這種料子做的床單。」馬珂妮安可回答：「那我們乾脆自己來做吧。」

她們說做就做，不過，事情沒那麼簡單。公司成立以前，她們先將創業概念拿去請教南加大商學院，並展開市場研究和籌集資金，經過不斷實驗才做出透氣性、保暖性、防潮性、伸縮性都勝過傳統布料的床單，最後為她們的產品與公司取名為「喜克絲」（SHEEX）。

2007 年 8 月，沃薇爾絲和馬珂妮安可終於做好準備，並且善用她們的故事展開銷售行動。畢竟，賣床單的人很多，但有多少人當過運動員和教練？她們販賣的床單不僅觸感好，還可以增進睡眠品質，進而提升運動表現。

兩位女士用故事為事業鋪路，「我們不是只把運動當聊天話題的人，而是真的做過運動員，零售商都很喜歡這個故事。」沃薇爾絲說：「我們一直靠這個故

事和許多顧問建立關係，並且打開了一些通路。擁有運動背景也讓我們能夠發掘我們想接觸的客戶，別人總會問馬珂妮安可：『擔任女籃總教練桑蜜特（Patricia Summit）的選手是什麼滋味？』或者問我：『跟足球教練侯茲（Lou Holtz）和史波利爾（Steve Spurrier），或是南加大體育總監譚納（Ray Tanner）共事有何感想？』」

喜克絲的業務很快就上了軌道：2009 年 6 月，兩位創辦人開始在網路和某些經過篩選的休士頓零售店販賣床單。2010 年，她們又透過溪石（Brookstone）郵購型錄，以及貝德貝斯居家用品公司（Bed Bath and Beyond）和權威運動用品公司（Sports Authority）的分店將產品銷往全國。馬珂妮安可表示：「經由運動用品管道銷售寢具，是不按牌理出牌的做法，但我們的業績很好，因為看好機能纖維技術的顧客都支持我們的故事。」

第三章

面對恐懼

「二十年後，你會發現從前沒做的事比做過的事更教你遺憾。現在就解開繫船的繩索，揚帆駛離安全的港口，航向吹往赤道的信風，去探索、逐夢、發現吧。」

——馬克吐溫

潘蜜拉十四歲時就認識了麥克，幾年後便和麥克步上紅毯。剛結婚時，麥克還是南美以美大學（Southern Methodist University）的大四生，潘蜜拉為了供麥克讀完醫學院，大學沒念完就輟學，跑去餐廳當服務生。婚後不久，

她生了兩男一女，成為全職媽媽，在德州郊區過著平凡的家庭主婦生活。

她曾考慮進時尚圈工作，但生下孩子以後，激發了她為家人和自己維護健康的興趣，於是開始學習更多飲食及運動知識，並且愛上了有氧運動，甚至還去參加比賽。她的健康狀況似乎不錯，直到 1990 年去看醫生、做了血脂檢查後，才發現膽固醇指數高達 242。

潘蜜拉經常運動、菸酒不沾，但吃了不少乳酪、冰淇淋，還有其他富含飽和脂肪的食物。她決心戒掉大部分高脂飲食後，膽固醇指數在六個月內便降到了 146。

為了慶祝這項成果，麥克送了她一份禮物：請她前往加州參加《塑身》（Shape）雜誌舉辦的健身營，向當地的專業人士學習健身和健康知識。潘蜜拉既興奮又害怕，因為她從未獨自搭過飛機，事實上是從來沒有單槍匹馬去過任何地方旅行，但她實在很想度假，於是鼓足勇氣上了飛機；結果旅途非常愉快，還跟其他女性乘客分享了她如何降低膽固醇的故事。

潘蜜拉自加州歸來後，很渴望做更多事情，不僅想和別人分享自己的故事，也想幫助更多人學習她的經驗。她跟

家人討論了幾個構想後，決定寫一本食譜，兩天後便從《魔鬼剋星》（*Ghostbusters*）這部電影的宣傳海報得到靈感，為食譜想了個封面圖案：是一塊被打上禁止標誌的奶油，意指「奶油剋星」。

潘蜜拉的食譜就叫做《奶油剋星》（*Butter Busters*）。她花了一年的時間寫書，完稿後一直很擔心接下來該怎麼辦。「當時我好害怕，」她回憶道：「因為我對出版業一竅不通，根本不知道怎麼出書。」

潘蜜拉在紐約出版界沒有人脈，於是決定採用最簡單、最直接的解決辦法——自費出版。她查閱電話簿並參觀了幾家印刷廠後，發現其中一家的老闆健康狀況似乎很糟，她看了於心不忍，就把工作交給他們，理由是她認為在印刷過程中，她可以協助對方改善健康。

印刷費開價 3 萬美元（約新台幣 100 萬元），可是潘蜜拉和麥克沒有這麼多閒錢，因此她必須面對另一項恐懼：找銀行貸款。這筆貸款看起來不是個小數目，但夫妻倆終於借到錢，潘蜜拉的出書計畫總算可以上路了。那是 1991 年 8 月的事，潘蜜拉希望能在聖誕節出書，但沒想到印刷作業很不順利。事實上，她每天都去印刷廠監工，督促他

們加快進度，但她相中的那家公司，顯然沒有能力如期交差。

一個飄著冬雨的日子裡，潘蜜拉再度來到印刷廠辦公室，卻發現大門緊鎖。她看見老闆就躲在裡面，於是打電話給她丈夫。麥克找到一位警界朋友幫忙，警方很快就破門而入，但於事無補。雙方打了場官司後，潘蜜拉只拿回食譜手稿，因為印刷廠已經破產，無法退款給她。

潘蜜拉的心情跌到谷底，出版這本書是她想完成的使命，這下該怎麼辦？她成天躲在臥室裡哭了又哭，直到麥克說：「哭夠了吧！我們再去貸款就是了。」她才收起眼淚。

夫妻倆再次取得銀行貸款後，潘蜜拉的出書計畫讓家裡背負了 6 萬美元（逾新台幣 200 萬元）的債務。雪上加霜的是，她必須另覓印刷廠。上一回她判斷錯誤，付出了慘痛的代價。

不過，這次找到的新印刷廠十分盡責。三星期後，潘蜜拉就拿到五千本剛出爐的新書。德州的《沃思堡之星電訊報》（*Fort Worth Star-Telegram*）刊登了一篇她的專訪，後來在全美各地媒體轉載；某家德州電視台也採訪了她，五千本新書在三週內便銷售一空。她把家裡的飯桌當辦公

桌，子女們幫忙貼郵票、寫地址、裝封套、跑郵局寄書。後來她的書愈賣愈多：從兩萬本賣到四萬本，又增加到一百萬本……。

短短十六個月內，潘蜜拉已經賣掉四十五萬本《奶油剋星》食譜。某大出版公司出機票請她飛去紐約，並且說服她：如果她想接觸更廣大的讀者群，影響更多人吃得更健康，最好的辦法就是讓該公司出版她的食譜，結果得到她的首肯。

那家出版社為潘蜜拉安排了新書巡迴發表會，可是個性內向的她即便是在人數不多的有氧運動班發言，也得準備個老半天才敢上台，因此新書發表會對她而言，簡直是恐怖加三級的挑戰。事實上，在展開為期四週的發表活動之前，她曾一連數日處於心驚肉跳、呼吸急促、痛哭流涕的狀態。她說，要不是有家人和信仰的支持，她根本無法完成此事。不過，她終究還是鼓起勇氣在大庭廣眾前介紹自己的食譜和故事，並得到熱烈迴響。後來，《奶油剋星》銷售量衝上一百四十萬本。

潘蜜拉經歷過各種恐懼之後，終於看到她的原始構想——寫一本書鼓勵大眾吃得更健康——開花結果，而且

成功地創造了收入、激勵了人心。「我知道我做的事情能改變很多人的生活，這種影響他人的渴望，比我必須不斷面對的恐懼感來得強烈。」她說。

為什麼我對這個故事如數家珍？因為潘蜜拉就是我媽。

劍齒虎與商業計畫

恐懼之心人皆有之，但了解這真相的人只居少數，因為我們生活在一個不愛談論膽怯感受，而比較欽佩大膽行徑的社會，但每個人——尤其是打算開創事業、參加求職面試，或是號召群眾完成某個使命的人——都有擔驚受怕的時刻。

恐懼感會跟隨我們一輩子：失業的時候，害怕永遠找不到新工作；獲得另一份差事，又擔心被解僱；拿所得去投資，唯恐賠光積蓄；憑自己的財力、努力和信念創辦公司，又生怕失去一切。

既然我們一生都擺脫不了恐懼感，不如學習面對它，而

面對恐懼的第一步，是要了解何謂恐懼。

　　當我們對於可能發生而尚未發生的情況或事件感到焦慮或憂心，就會產生恐懼感，那是大腦警告我們務必小心謹慎的方式。恐懼感會讓我們對危機或風險提高警覺，如果天不怕地不怕，人類的祖先搞不好會直接走到劍齒虎或長毛象的面前，淪為牠們的晚餐。如今我們再也不會遇到這

我們全家人參加第一次送鞋活動後的留影，左至右為：我父親麥克、妹妹佩姬、母親潘蜜拉、我，以及弟弟泰勒。

些掠食動物，但依然得聽從恐懼感的警告：沒戴降落傘絕對不能從飛機跳出去，也不可以跟體型比自己大兩倍的人打架，或者不看馬路就走進車水馬龍的街道。

恐懼感還會刺激我們分泌腎上腺素，以便處理緊急狀況，也就是產生「迎擊或逃跑」的反射動作。不過，很多人在心生恐懼時並未採取行動，反而停止行動。他們無法承受恐懼壓力，於是選擇退縮放棄，而且往往以恐懼為藉口，不敢開創重要事業。

這恐怕是個天大的錯誤。闖入凶猛劍齒虎的地盤所產生的恐懼，與承擔重大事業風險所帶來的恐懼大不相同。麻煩的是，這兩種心情感覺上似乎沒什麼差別，我們的反應也可能如出一轍──尋找某個安全的避風港躲起來。不過，大家須牢記一點：恐懼純屬自然反應，非你我所能控制。每一位從商者都會在某個階段提心吊膽，但你務必記得：恐懼不會害死人，至少在商場上是如此。成功人士都會面對自己的恐懼，並擬定戰勝恐懼的計畫。

事實上，你讀到愈多成功企業的故事，愈會發現許多成功者必須面對遭人拒絕、企業破產、失去支持，或一敗塗地、倒閉歇業的情況，但他們努力面對心魔，設法度過難

關，終能獲得勝利。

我很欣賞華頓（Sam Walton）的創業故事，他是美國商業史上最成功的企業家之一，1945 年擁有第一家店面，後來《哈佛商業評論》稱之為「開在一個不會被任何人列入一級州政府管轄地的二流城市的二流商店」。當時其他同類型商店紛紛倒閉，這家店似乎也將步上後塵。畢竟，華頓沒什麼從商經驗，而且付了太多錢買下一家地點不佳的店面，還簽了一份很爛的租約。

事實上，他遇過三次以上的罷工活動，幾年內就把生意搞得一團糟。不過，儘管他最擔心的事一一出現，他卻力挽狂瀾實現了偉大的夢想。如今華頓創辦的沃爾瑪商場（Walmart）已是全球最大企業之一，他也成為全世界最多金的富豪之一。原因何在？根據《哈佛商業評論》一篇文章的分析：「他成功的真正原因是：有勇氣堅持自己的信念。」儘管他犯過嚴重錯誤，但始終相信他的低價商業模式行得通，這個信念讓他跨越了長期的恐懼障礙。

每一位成功人士都曾打敗逆境。你閱讀名人傳記、和成功者交談、聽成功領導者演講的次數愈多，愈能了解他們都經歷過錯誤、混亂、恐懼和失敗。但你也會知道，那些

挫折往往變成他們最大的福報，這也是你必須謹記的教訓。

我敢保證，你在任何新行業肯定會遇到自覺難逃厄運、再怎麼努力都注定失敗、永遠成不了大事的日子。我創辦TOMS 的頭幾年，也經歷過不少這種時日，因為我們從事的行業與過去截然不同，一想到這點就令人發毛。當你遇到這種情況，或面臨人生最重要的考驗，難免會感到退縮畏懼，最後的成敗取決於：你採取什麼對策？

很多人都在這一刻轉身放棄，要不就想些藉口來解釋他們為什麼應該喊停。我完全可以理解這種本能。恐懼感是最能夠左右我們的情緒之一，我們愈是將注意力集中在它身上，恐懼感愈會膨脹並扭曲我們的行為。不過，有個方法可以趕走它，那就是別把心思放在你無法掌控的恐懼感本身，而要專注在你能控制的行動上。你如何處理負面情緒是成功關鍵。泰然自若面對恐懼，信心十足採取行動，不但可以讓你更有勇氣面對下一次的恐懼，也能大幅提高獲得成功、快樂的機率。以下是另一位創業家應付恐懼感的經驗。

維福公司如何戰勝恐懼

三十二歲的寇特尼‧羅姆（Courtney Reum）剛創業時，從沒想過保護雨林這檔事。他是哥倫比亞大學高材生，雙修經濟學和哲學，一畢業就去華爾街工作，成為高盛集團投資銀行家，第二專長是精通消費性金融商品。

不過，寇特尼和鐵甲士機能運動服（Under Armour）、維他命水（Vitaminwater）等新興公司合作了若干年之後，決定離開高盛集團當創業家。他曾經參與法國保樂力加（Pernod Ricard）和英國聯合多美克（Allied Domecq）這兩家釀酒公司上百億美元的併購案，因此對酒類市場產生興趣，覺得這個行業似乎缺乏創新。

於是，寇特尼和弟弟卡特在 2007 年底創辦維福（VeeV）釀酒公司，所生產的酒類貼有「更健康的飲料」標籤。寇特尼表示，這種酒類比較健康的理由，是添加了富含維生素 C 和 E 的巴西莓汁。維福公司每賣出一瓶酒，便透過巴西莓永續計畫（Sustainable Açaí Project）捐贈 1 美元

給雨林保護區，該計畫由巴西的亞馬遜河永續經營組織（Sambazon）一群生產巴西莓的創業家成立。另外，維福公司僅設一家蒸餾酒廠，能源取自可再生的風能，而且是第一家為其商業活動排放的二氧化碳提供補償，並獲得「碳中和」[1] 認證的釀酒公司。

該公司成立以來，營業額迭創佳績，每年均增加 2.5 倍以上，逐步成為全美暢銷品牌之一。但是寇特尼在創業過程中，偶爾也會忐忑不安：「我會在半夜三點被惡夢驚醒，公司才成立沒多久，我就明白我們不太了解釀酒業，除了還有很多事要學習之外，也不知道別人是否會仿冒我們的產品。總而言之，我們嚇壞了。」

以下是過去這些年來，寇特尼面對並擊退恐懼的絕招：

> **無論結果是贏是輸，還是不分勝負，**
>
> **別忘了生活總要過下去**

---

1 譯註：carbon neutral，是計算企業的二氧化碳總排放量之後，再透過植樹等方式吸收這些排碳量，以保護環境的做法。

寇特尼解釋：「我覺得離開高盛是件很恐怖的事，更讓我驚慌的是：我二十七歲就創辦了維福酒廠，當時我心想：『如果這件事徹底失敗了，最壞結果是什麼？』答案是：我會擁有一段奇遇，然後在三十歲大徹大悟，準備轉行。換句話說，最後下場不如人們想像得那麼糟。損失金錢固然教人心疼，而且難以善後，但你的事業前景說不定會大放光明。我知道很多創業家都是在經歷過失敗以後才成功的，他們擁有創辦、經營企業的經驗，比起從未承擔過風險的人更有能力提供更多有趣的工作。」

不要恐懼未知

　「人們都會害怕未知，其實嚴格講起來，每件事都是未知的——誰也沒辦法真正知道自己會碰到什麼遭遇。維福酒廠剛成立時，我們完全無法預料會發生哪些狀況。我和弟弟對釀酒業一竅不通，連個分銷商也不認識，更不知道該去哪裡找分銷商。」

　「一般人往往認為，他們應該在充分、徹底了解自己打

算涉足的領域之後才開始創業，但那種情況永遠不可能發生，誰都無法在搞清楚所有事情的狀況下踏入各行各業。只要你有好構想、充滿活力、募集資金、盡力而為，就可以創業。如果你為了做好準備，而把所有時間都用來學習和研究，那麼你永遠不會停止學習和研究，也永遠不會開創自己的事業。」

認清人人都會犯錯

「一般人在創業時，往往因為太怕犯錯，而染上『分析病』。他們對創業理想過於執著，把每個決策都看得很重要，成天想著各種決策，結果反倒一事無成。我不會放任一艘船靜止不動，而會讓它持續朝某個方向前進，就算出幾個紕漏，也很少導致整艘船沉沒。你的船可能破了個小洞而開始進水，但還不至於讓你滅頂。大體來說，你在創業初期所犯的錯，幾乎都有辦法補救。」

不要擔心別人怎麼想

「我知道高盛集團某些人得知我創辦維福酒廠後，肯定會不以為然地說：『寇特尼應付不了這種事的，創業又怎樣？』我和弟弟賺的錢或許比不上這些人（如果他們還待在投資業的話），但我們是在做自己真正關心和熱愛的事情，這樣就很值得了。剛開始的確很辛苦，總會考慮別人的看法，後來我突然想到：反正我不會再見到這些人，何必在乎他們怎麼想？」

避免成為「最佳點子狂」

「許多創業者都會擔心：『這是我最好的構想嗎？』擁有好點子固然是好的開始，不過大多數事業的成功基礎，其實奠定在執行階段，而不是創業構想。我認為遵照最高標準去執行聰明構想，比採取次要標準去推動偉大概念來得重要。」

除懼心法

TOMS 持續成長，財務也比較穩定後，我便不再像創業之初那麼戰戰兢兢。不過，寫這本書的時候，又讓我回想起某些恐怖經歷。例如，我們曾經繳不起帳單，必須懇求所有經銷商延長信用卡付款期限。當時我每天都得跟數字專家賈斯汀開會，好決定那個星期該付錢給哪家經銷商。（每當賈斯汀哀求他們多寬限幾天，說話嗓門最大的人往往是我。）我們幾乎總是花光信用額度，也經常刷爆信用卡，銀行動輒逼問我們何時才能償還卡債。除此之外，我們還得承受賣鞋和捐鞋的壓力。

不過，最教人心裡七上八下的是，我們獲得各媒體的報導後，曾經大言不慚地宣稱，TOMS 想改變經商和行善的觀念，因此我們的一舉一動都會受到密切觀察，任何失敗都會引起大眾關注。

但我找到幾個能在恐懼感消失前與之共處的有效心法：

第一，記得實踐自己的故事。我總是回頭思考一個重要

問題：為什麼從事這一行？只要你經常回顧基本創業動機，就會切實執行你的創業計畫，也能消除你最擔心的一件事：成為騙子。一旦你實踐自己的故事，就不必假裝別人，只要做自己就行了。曾有人說，失去誠信的人最危險，不講誠信的事業也很危險。履行自己的故事，意味著你的行動和使命是一致的，不會因為言行不一而感到羞愧或沮喪，這兩種情緒都是恐懼感的來源。

第二，我常僱用實習生。實習生的優點是，他們對每件工作都很熱心，覺得樣樣事情都很新鮮，根本沒時間感到害怕，因此總是精神抖擻地完成他們覺得重要且有意義的工作。你應該讓身邊圍繞一群熱情洋溢、忙著助你邁向成功、帶給你信心、使你覺得創業有理、幫你實現任何點子的人。活力旺盛的實習生會挑戰你的想法，讓你覺得年輕而有自信（無論你年紀有多大、心裡有多怕）。

第三，我會四處張貼勵志名言。這個簡單的做法，在我的創業生涯中扮演了重要的角色，使我得以擺脫恐懼和不安。如果你打算成立一家公司，但沒錢聘請能幹的助理、董事會，或是可以給你忠告和鼓勵、為你的構想擔任傳聲筒的人，你還是可以找到很好的協助。

TOMS 最早期的實習生強納森和我，在我們的第一家阿根廷鞋廠學習如何製鞋。

怎麼找？參考各家名言。許多金句都出自經歷過恐懼和失敗，卻屹立不搖的成功者。你不妨隨處張貼一些鏗鏘有力的勵志嘉言。

　　創業之初我常感到孤立無助，於是就在公寓貼滿了我最欣賞的格言，只要看到它們，就不覺得勢單力孤了。我會將心愛的金玉良言打好字後列印在紙上，或者剪下雜誌上的佳句，然後用膠帶貼在家中牆上。開始創業的頭六年，我的公寓裡隨處可見各種字句，儼然掃過了一場紙風暴。

　　以下是我最欣賞的幾句名言：

改變想法就能改變世界。

Change your thoughts and you change your world.

——美國牧師兼作家諾曼・皮爾

（Norman Vincent Peale）

許多人的一生之所以失敗，是因為他們還沒發覺自己離成功有多近，就放棄努力了。

Many of life's failures are people who did not realize how close they were to success when they gave up.

——美國發明家愛迪生

成功是屢戰屢敗而始終不減熱情的能力。

Success is the ability to go from one failure to another with no loss of enthusiasm.

——英國首相邱吉爾

每當你認真停下腳步正視恐懼，就能獲得力量、勇氣和信心，因此你可以對自己說：「我克服了這次的恐懼，我能接受未來的挑戰。」……你必須做你自認無力完成的事。

You gain strength, courage and confidence by every experience in which you really stop to look fear in the face. You are able to say to yourself, 'I lived through this horror. I can take the next thing that comes along.'…You must do the thing you think you cannot do.

——美國第一夫人愛蓮諾‧羅斯福

（Eleanor Roosevelt）

第四，我除了到處張貼簡短的勵志名言，也閱讀傳記。由於我還沒念完大學就出去創業，從未取得學位，因此我的教育多半來自我發掘的書籍，而非教授們指定的課本。

成功創業家和其他勵志專家的傳記，向來是我最愛的讀物。

舉例而言，我創辦有線電視頻道時，曾刻意拜讀這個行業每位重要人物的傳記或自傳，例如 CNN 創辦人透納（Ted Turner）。成立 TOMS 的時候，我讀過維京集團[2]創始人布蘭森（Richard Branson）、巴塔哥尼亞公司開創者舒納德（Yvon Chouinard）、玫琳凱化妝品（Mary Kay Cosmetics）創辦人玫琳凱（Mary Kay）、西南航空（Southwest Airlines）執行長凱勒赫（Herb Kelleher）、星巴克連鎖咖啡（Starbucks）執行長舒茲（Howard Shultz），以及其他致力創造利潤、完成重大使命的企業家傳記。

建議你不要只讀傳記書，網路上也有很多傳記資料值得參考。如果你考慮創辦某個以環保為訴求的非營利事業，或者打算近期內轉換跑道，說不定從網路上就能找到曾經（或正在）從事相關行業者的故事。當你知道別人也在做你嚮往的工作，或投入相近的行業，你對那種工作或行業

2 譯註：Virgin Group，橫跨旅遊、航空、娛樂等多種行業的英商集團。

的恐懼感就會消失。當你看到別人已經踏上你想走的路，你也會比較敢於放心嘗試每條路。

第五，我常提醒自己不可好高騖遠。在此也要提醒你：千萬別把你的下一步看成巨大的風險，要把它當作某段長途旅程中的一小步。

胸懷壯志聽起來是件好事，但也是許多創業者常犯的錯誤。當初我光靠著三大帆布袋的鞋子就創辦了 TOMS，既沒有馬上辭去工作，也沒有投入大筆資金，只是做出了兩百五十雙鞋，然後想辦法賣掉。

從小處著手，就能編織你的故事、測試你的構想、考驗你的才能。日本人很強調一個觀念：每天在小地方做改善，即可帶來巨大的整體進步。1980 年代，日本汽車業者曾將這個概念發揚光大，一點一滴改良他們製造的車子，因此無須推動革命性創新，便循序漸進、穩紮穩打地在美國車市建立了龍頭地位。如果你牢記這個概念，就不會過度擔心是否能達成遠大目標了。

擁有穩定工作的人，特別適合從小處開始完成目標。假設你是數學老師，但真正的興趣是烘焙，那麼你沒有必要為了追求嗜好而辭職。建議你下次休假的時候，與其跑去

海灘度假，不如到某家麵包廠做志工，看看是否真心喜歡烘焙工作。當志工不須投入全部的時間和心力，就能學到東西。詢問老闆你是否可利用晚上或週末兼差，這樣一方面能了解烘焙業，二方面也能保有白天正職的薪水。

如果你發現自己不但擅長而且熱愛這份副業，那麼縱使還有很多事要學，你也會認清自己是否盲目踏出了第一步，接著就能採取下個步驟。

第六，我會寫下我害怕的事。當恐懼意識在腦海中盤桓不去，你會瘋狂地想像各種不利的可能性與後果。把這些可能性及後果寫下來，可幫助你徹底釐清害怕的事情，恐懼感糾纏你的力量也會迅速消失。每當我覺得恐懼感爬上心頭，就在一張活頁紙的中間畫一條直線，然後在左半邊列出我擔憂的事情，在右半邊寫下我想像的最壞結果。

舉個例子說，我剛創辦 TOMS 時，曾在活頁紙的一端寫著：「要是沒有人買這些鞋子，會發生下面的結果：我將損失 5000 美元的材料和創業成本，過三個月苦日子。」活頁紙的另一端寫著：「哪怕情況惡化到極點，我還是會待在阿根廷三個月，學習新技巧、結交新朋友、找一堆樂子。」

好處	壞處
① 接受新挑戰	① 不確定別人是否喜歡這種鞋子
② 能幫助許多孩子	② 得拒絕卡爾的創業提案
③ 可在阿根廷待更多時間	③ 不敢保證我們的模式可行
④ 那些鞋子真的很舒服，萬一沒有銷路，也可以送給朋友當聖誕禮物	④ 不確定我們能否增產
⑤ 要透過網路和幾家洛杉磯商店試賣並不困難	⑤ 錢在哪裡？
⑥ 可參與更多慈善活動	
⑦ 我從來沒有對任何事情感到這麼興奮過！	

最後一個消除恐懼的心法是，盡量徵求每個人的建議。只要你提出請求，往往可從形形色色的人口中聽到很好的意見。有些人可能不願與你交談，無論你多麼有技巧地接近他們，總是會碰釘子，但你也會驚訝地發現，樂意幫忙的人更多。

　　不妨上網向大家求助，由於網路提供的溝通方式無須承擔太大責任，成功人士比較可能願意透過這個管道提供建言。過去人們必須直接打電話、安排會面和交通、調配時間等等，才能獲得好建議，現在只要寫封電子郵件，即可在彈指之間得到回應。

　　我發現，許多人都喜歡提供建議給某些讓他們產生同理心、或是讓他們看見一部分自己的新手。我也常看到年輕女士向成功女性創業家求助，並且得到了很好的意見，因為後者從前者身上發現自己過去的影子。切記：當你有了成就以後，你的生活可能會變得有些枯燥，因為冒險犯難、處理危機的狀況減少了。因此，為年輕創業者獻策的導師，在協助後輩度過創業階段的過程中，往往能夠重拾活力，在新的創業計畫中扮演要角。

　　2002 年，我完成《驚奇大挑戰》路跑競賽，親身體驗

到真人實境電視節目大受歡迎的程度後，便打定主意創辦一個每星期全天播放這類節目的有線電視頻道。經過大量研究後，我和有線電視業的開路先鋒柯羅斯比（Jack Crosby）取得聯繫。柯羅斯比跟我一樣來自德州，也是在二十五歲左右成立第一個有線電視事業，如今已是響叮噹的大人物。他很快便成為我的導師，不但給我高明的建議，也很開心能在陪我奮鬥的過程中找回生活動力，重溫他在四十年前走過的路。

恰當時機永遠不會出現

我們都會擔心選錯創業時機，總認為應該等到「時機恰當」再展開行動。暢銷書《每週工作四小時》（*The 4-Hour Workweek*）的作者費里斯（Tim Ferriss）對「時機」的看法如下：「要完成所有重要的事情，總會遇到時機問題。你想等到時機恰當才辭職嗎？天上的繁星永不可能排成一直線，人生中的交通號誌也不全然是綠燈。宇宙不會背叛

你，但也不會脫離運行軌道，為你安排一切計畫。生活環境永遠不會完美無缺，『寄望未來』是一種疾病，會讓你的夢想跟著你一塊兒走進墳墓……如果你認為某件事很重要，而且是你『最』想做的事，就放手去做，然後邊做邊修正吧。」

假如你想等到時機恰當才行動，你可能會老是原地踏步，裹足不前，而且往往因為過度相信時機未到，反而在創業過程中製造了最令你擔憂的時刻。我就發生過這種狀況。

我創業早期的另一位導師，是創業家卡爾‧魏斯特考特（Carl Westcott，就是在第 94 頁筆記中提到的那位卡爾）。他曾經創辦多家公司，包括 1-800 線上花店（1-800-FLOWERS），還有後來以高價脫手的魏氏傳播公司（Westcott Communications），他也是衛星廣播電台和各種網路事業的早期投資人。

我是透過直接打電話的方式，認識了卡爾和他兒子寇特，那時我正考慮為自創的有線電視頻道籌措資金。卡爾同意與我交談的理由，是寇特對有線電視感興趣，而他本人也是靠閉路有線電視節目致富。雖然後來他無意投資我的公司（認為風險太高，而且他的判斷正確），但他挺喜歡我

的，所以雙方依然建立了商業關係。

那時卡爾經營的公司名叫「數位目擊者」（Digital Witness），是協助餐廳經理人監督員工的成功新創事業。2006年，卡爾要我幫他管理該公司的美西營運部。這是個可拿高薪外加一小部分股票的肥缺，而且更棒的是，可以跟我最想共事的卡爾一起工作。

可惜這個機會來得不是時候，因為我即將前往阿根廷旅行。當我回國再見到卡爾時，他又問起我的決定。我感到惶恐，既不想破壞雙方關係，也不想為了創辦一個暗藏風險的新事業，而喪失一份保證能提供穩定經濟來源的高薪工作。

然而，我對創辦 TOMS 這件事始終念念不忘，心知若不嘗試一下，我一定會恨自己，因此還是婉拒了卡爾的提議。不過，後來我贈送了幾雙 TOMS 早期的原型鞋給他家人。卡爾和寇特這對父子檔創業家迄今還保留那些鞋子，我問他們為什麼，他們說：「道理很簡單嘛──只要你一直維持現在的經營模式，有朝一日，這些鞋子說不定能在 eBay 拍賣網站上賣個好價錢呢！」

第四章

隨機應變

「想像力比知識重要。」

——愛因斯坦

　　TOMS 剛成立時，我們的資源只能用「非常有限」來形容。事實上，比較正確的說法是：一無所有。

　　由於「賣一個產品就捐一個產品」是個獨創概念，我們找不到現成模式好說服別人支持 TOMS，甚至看不出這概念究竟是否可行。因此，我們很難採取傳統的創業集資方式，只能不厭其煩地向精通數字運算、受過專業訓練、依

獲利潛能而非經營哲學來做投資決策的行家們解釋我們的構想。口袋空空的我們既不可能取得創業資金，又欠缺可行商業模式，所以必須另闢蹊徑。

前面提過，我採取的第一步，是在克雷格名錄網站上張貼招募暑期實習生的廣告（當時 TOMS 為一人公司，我身兼老闆和員工）。廣告內容如下，看起來挺像一回事的：

許可號碼：143649614

回函信箱：tomsshoes@gamil.com

主旨：（行銷工作）新潮鞋業公司誠徵優秀實習生！

如果你腦筋好、有創意、想創業，請勿錯過這個良機……

TOMS 是加州維尼斯區新成立的鞋公司，我們的產品融合了阿根廷時尚與加州衝浪文化特色，而且每賣出一雙鞋，就免費捐出一雙鞋給貧困的拉丁美洲或非洲人。

本公司誠徵下列人才：

一、優秀業務實習生：獲選擔任本職位者，將直接與 TOMS 的執行長共事，不須負責煮咖啡，還可以大量參與廣告、行銷、品牌開發、鋪貨等業務。

二、網站設計實習生：應徵者須具備相關經驗，以設計科系高材生為佳，這份工作將直接影響本公司的成長，也是充實個人履歷的好機會。

實習期間不供薪水，但極有可能獲得收入豐厚的全職工作。

欲知詳情，請將履歷寄至 tomsshoes@gamil.com。謝謝！

布雷克・麥考斯基

應徵者還真不少，他們原本以為這家名不見經傳的公司是個有趣的地方，無不躍躍欲試地期待能學到很多東西，不過許多人來到公司總部（我的公寓）後，興奮之情頓時煙消雲散。

那時我住的維尼斯區比較歡迎毒品交易者，而不是年輕暑期實習生。事實上，為了讓應徵者進入我的公寓，我得先領著他們通過一道看起來很破舊的鐵絲網圍籬，然後請他們坐在廚房餐桌前，他們可能會看到桌上擺著當天早餐吃剩的玉米餅，旁邊還擱著幾雙鞋和一堆報紙。有些應徵者把我們的實習工作想像得比較傳統（像是聘請一堆時髦年輕專業人士的大公司提供的那種差事），因此面談結束後就失去了音信。但有些應徵者認為，他們可藉此機會投身搞不好會有一番作為的新事業。

TOMS 最早期的三位實習生在五月上任，七月間我們又招募到三名實習生，其中一人是我弟弟泰勒——家庭真是個搜刮資源的好地方啊。由於我們不付工資，只好靠娛樂活動來彌補缺乏經費的遺憾。大家先努力工作，再盡情享樂，有時兩者合一。

有一回，泰勒在公寓裡待得太晚，索性倒在我的寢室一直睡到隔日。第二天，我一大早就出門赴約了，強納森則是留下來跟優比速快遞公司（UPS，是我們早期少數合作廠商之一）的區域代表開會。那時我把公寓兼做辦公室，並且在自己的臥室擺了兩張書桌權充會議室（因為廚房和

客廳都堆滿紙箱和準備出貨的鞋子）。強納森在我的臥室裡開了十來分鐘會議後，忽然有個身披白床單、像幽靈似的怪物從我床上站起來，嚇得 UPS 女代表花容失色，放聲尖叫。

先前他們壓根兒沒注意到泰勒就躺在旁邊的一堆床單下，後來才發現那怪物是剛睡醒的他。幸好泰勒穿了衣服，沒有赤身露體，UPS 代表鎮定下來之後，也就把這件事拋諸腦後了。

公寓裡還有兩間臥室，分別住著我的兩名室友。他們都是朝九晚五的上班族，兩人一跨出大門，我就趕緊把住家變辦公室。傍晚六點他們回到家後，只要每位實習生都離開，公寓也收拾乾淨了，大夥兒都能相安無事。不過，他們曾特別交代不希望我們使用他們的臥室，我認為這要求合情合理。

有鑑於公寓空間實在很小，而且到處堆著紙箱，那年夏天我決定把我的辦公室移到院子裡，並且擺上一副桌椅。我整天待在戶外的結果是，膚色變得很深。每當別人來見強納森時，總會在經過我的身旁之後問他：「那個不修邊幅、穿著衝浪短褲坐在外頭的傢伙是誰啊？」

然而，隨著業務增加，我們不得不占用兩位室友的寢室，因為沒有其他空房間了。雖然他們知道我們鳩占鵲巢，但每天工作結束後，我們都會快手快腳把兩個房間清理得「幾乎」一塵不染，他們也就沒有多說什麼。

　　我們最常使用吉米的房間。當時吉米在我的網路駕訓公司擔任總裁，他在公司裡忙了一整天回到家後，總想放鬆一下，可是每次都發現自己的房間地板上，散落著紙箱碎屑，因為我們始終無法將紙箱掉出來的細碎填充物掃乾淨。吉米有潔癖，一看到那些碎屑就抓狂，還為此沮喪了九個月，但他付的房租最少，只好忍氣吞聲。

　　TOMS 在媒體走紅，商家也開始下訂單以後，辦公室裡只看得到我和三位實習生，以及租金低廉的基本設備。由於我們僅有一支電池老是沒電的無線電話，因此若有顧客來電，通話時間不能太長，而且每當電話鈴響，誰離電話最近就負責接聽。

　　有一天，電話鈴聲大作時，我正好坐在附近，於是隨手拿起聽筒說：「喂，TOMS 鞋公司。」電話另一頭那位先生緊張兮兮地說：「這裡是諾斯壯百貨，我想馬上跟你們試訂一百雙鞋。」

諾斯壯百貨的鞋類部門向來很老大，要是你想跟他們開個會，恐怕得等上好幾年，但是電話中那位先生卻主動聯絡我們，並且透露他上司最近看到一本時尚雜誌報導TOMS，很多顧客也跑到他們店裡詢問有沒有TOMS鞋，所以他想訂購我們的鞋子試賣看看。

　　「我是採購助理，」那位先生繼續說：「我上司就站在我後面，我必須立刻處理這份訂單。」

　　「我很樂意交貨給你，」我說：「不過目前我們沒有存貨。」這是實話。

　　「不，你沒聽懂我的意思。」他說：「這裡是諾斯壯百貨，我現在就要鞋子。」

　　「先生，我手邊一雙鞋也沒有。」我說。

　　那位先生開始有點不耐煩了，「你幫我轉接銷售部，」他生氣地說：「現在就轉過去。」

　　我不知所措，只好把電話塞給一名實習生。她聳聳肩說：「嗨，這裡是銷售部。」

　　那位先生不知道我跟實習生就待在同一個小房間裡，於是衝著這名實習生重複同樣的話，她也向對方複述我剛說過的話。那位先生變得很沮喪，接著又要求找客服人員，

這位實習生立刻把電話遞給另一名實習生。

不過，電話上那位採購助理還沒來得及再發一次牢騷，第二名實習生就說：「聽著，你的第一個通話對象是本公司創辦人，第二個接電話的人是名實習生，而我是另外一名實習生。」

那傢伙這才大笑著說：「原來你們公司這麼小？」

實習生說：「是的。」

那位先生除了等待，什麼事也不能做。後來我們在兩週內就交貨了。如今，諾斯壯百貨已經成為我們最大的客戶之一。

車庫傳奇

前面這些小故事不但成為趣談，也是我們在資源貧乏、緊張焦慮的草創時期，依然充滿鬥志、發揮潛能的寫照。近代史上許多精彩的企業故事，都有情節相似的創業傳說——例如奇蹟似的在「車庫」（也可以用「公寓」、「地

下室」、「閣樓」，甚或「車子」來取代）發跡。在臨時湊合的狹小空間裡展開事業，往往會發生許多趣事，對實習生及早期員工也有好處，因為他們在因陋就簡的地方工作，會自動降低對公司的期望。沒有人期待從實習工作或草創事業（尤其是把自家汽車當辦公室的新事業）中獲得立即的金錢報酬，但每個人都會興致高昂地投入新事業。在車庫裡工作有別於在辦公室上班，因為人人地位平等，無須爭取高級辦公室或其他好處，也不會產生階級心態。每個人都自認是團隊的一分子，有助於新興公司從成立之初就建立良好的企業文化。

世上有許多傑出企業，都是從改造過的車庫或克難的場所誕生的。服飾品牌「幸福人生」（Life is Good）創辦人伯特和約翰・傑考布斯（Bert and John Jacobs），最初是在他們的廂型貨車後頭販賣襯衫。精品設計師柯爾（Kenneth Cole），也在自家汽車的後車廂賣出了他設計的第一款鞋子。班恩與傑瑞（Ben and Jerry）以 8000 美元積蓄和 4000 美元貸款，在佛蒙特州柏林頓（Burlington）租下一座舊加油站，作為第一家冰淇淋店。祖克伯（Mark Zuckerberg）在哈佛大學宿舍和同窗攜手共創臉書，羅斯（Kevin

Rose）在他的公寓開始架設新聞網站「掘客」（Digg），
霍夫曼（Reid Hoffman）在他家客廳創辦了社群網站「連
線」（LinkedIn），賈伯斯（Steve Jobs）在自家車庫開創
了蘋果電腦事業。

不過，這並非近代才有的現象。事實上，幾乎所有廣受
世人熱愛與崇拜的成功品牌，都是靠少量資源踏出第一
步。舉例來說，1950 年代，加州的韓德勒夫婦（Ruth and
Elliot Handler）在他們的車庫展開畫框事業，同時利用剩
餘木料製作娃娃屋家具。不久之後，他們發現賣玩具比賣
畫框更有利可圖，於是從 1955 年開始銷售可搭配那些玩具
家具的芭比娃娃，他們的公司就叫做美泰（Mattel）。

1950 年代，一名底特律男子與家人住在他家頂樓，把
一樓當作錄音室，後來又將錄音室擴充到車庫。過沒多
久，黛安娜・蘿絲（Diana Ross）、至上女聲三重唱（the
Supremes）、史提夫・汪達（Stevie Wonder）、葛萊迪絲・
奈特（Gladys Knight）與種子合唱團（the Pips）等歌手和
樂團紛紛來此錄音。那座車庫的主人是摩城唱片公司
（Motown Records）創辦人高迪（Berry Gordy），現在該公
司隸屬於摩城歷史博物館（Motown Historical Museum）。

有想像力勝過擁有錢財

不要因為資源不足就逃避創業，資源匱乏往往能激發創意和競爭優勢。許多人就算擁有一流的點子也不敢出去闖一番事業，只因為他們自認欠缺其他資源。不過，TOMS在草創時期資源不足，卻是我們成功的原因之一。

日子過得舒適安逸，會剝奪可恣意揮灑創意的創業精神；在創業初期就想獲得安全感，也可能對事業不利。如果你資金很少，就得絞盡腦汁隨機應變，把某些東西拼湊在一起，這種能力將永遠嵌入你的企業基因裡，當事業擴充後，仍可維持草創時期的節儉和效率。比方說，TOMS成功闖出名號之後，很可能不會像過去那般兢兢業業，以至於浪費資源；但我們並未養成這種習氣，依然強調靠創意解決問題，對開銷也很謹慎，而且奉行精簡（不是小氣）的企業文化。在資源貧乏時期，我們練就了善用創意、隨機應變的本領，這種技巧至今一樣管用，也是足以創造非凡成就的一種本能。

2001 年，一位名叫沙奇（Tom Szaky）的男士，打算尋找某種瓶子來盛裝他販賣的商品——以蟲糞製造的液態肥料。找來找去，總覺得就算採用最便宜的裝瓶材料，成本還是太高。後來，他發現別人丟棄的塑膠汽水瓶正好合用，而且幾乎不必花一毛錢，於是很快就創辦了大地回收公司（TerraCycle），專事生產用蟲子排泄物製造、以回收容器包裝的天然植物肥料，其中許多容器都是透過募款活動收集而來。如今，該公司又打算利用廢棄物來包裝手機座、郵件包等新產品，以降低美國掩埋場的垃圾量。公司成立十年來，每年營業額均成長一倍以上，消費者在家得寶居家修繕用品店（Home Depot）、標靶商場、活綠藥妝店（Walgreens）、麥克斯辦公用品店（Office Max）、沃爾瑪商場等賣場，都能找到它們的產品。

　　沙奇的創業經費，來自他參加創業計畫競賽贏得的獎金。他的省錢之道是，僱用三十五位賣力工作的實習生，並且讓他們住在同一個屋簷下，三、四人共睡一個房間。每天早上，他會親自用擴音器不斷播放美國饒舌歌手瓦尼拉·艾斯（Vanilla Ice）的音樂，叫醒實習生。

　　根據著名矽谷創業投資家梅波斯（Mike Maples）的看法，

我們在加州聖地牙哥的行動體育用品零售商（Action Sports Retailers）
展覽會場親手布置的攤位。

靠雄厚資本發跡的公司，失敗風險其實比資金不足的公司
來得大。梅波斯表示，擁有過多資本既無必要也沒好處。
他還指出，創業家投入的資本額與其最終成就之間，是呈
反比關係——思科（Cisco）、谷歌、雅虎，甚至微軟等績
優股公司，都是在財務拮据的情況下創立的。

要拒絕接受財源，的確很難辦到。但如果募得的資金超過真正的需求，你可能會在一個紙匣已經夠用的情況下，卻使用附三個紙匣的影印機，或是在只需要一支手機的情況下，卻擁有一堆時興的電子小裝置，要不就是安排高級職位，禮聘外來人才，例如任用只會拚命送名片卻無所事事的副總裁。最糟的是，你取得的資金開出了一堆附帶條件，當投資人老是告訴你該如何經營事業，卻不想了解你的核心價值觀時，你只能唯命是從。

過去十年來，某些值得玩味的企業失敗故事，就發生在現金過多的公司身上。舉例來說，如果網路寵物用品店Pets.com 當年的資源有限，誰知道會發生什麼後果？這家網路商店成立於 1998 年，創投資本高達 3 億美元。2000年 1 月超級盃美式足球賽舉辦期間，Pets.com 曾大手筆買下耗資數百萬美元的電視廣告時段，但無論該公司獲利有多高（其實不多），它們一直在燒錢。根據謝費茲（Kirk Cheyfitz）的著作《在經驗框架中思考》（*Thinking Inside the Box*）所提供的數據，這家網路公司成立後的第一個會計年度，就花掉 1180 萬美元的廣告費，但只創造了 61 萬9 千美元的營收。因此，2000 年秋天，Pets.com 就破產了。

話說回來，要是它們能夠精省起步、健康成長，結局會如何？雖然它們的創業構想很不錯——如今還是有運作良好的網路寵物用品店——但在執行上顯然出現某些缺失。假如沒有這麼多資本的話，它們說不定會經營得更有規模、更為成功。

安貧樂道

戰地哨（Falling Whistles）是個專為剛果民主共和國倡導和平運動的非營利組織，2009 年由我的年輕朋友尚恩·柯拉索（Sean Carasso）創辦，靈感得自他參加 TOMS 第二次送鞋活動的經驗。

此後，尚恩決定發揮影響力，並且在前往非洲旅遊時，想到了成立戰地哨的點子。該組織以出售哨子（售價 34 到 104 美元）的方式，為剛果籌措普及教育、提倡和平、幫助遭受戰火波及的民眾重建家園的經費。（戰地哨的名稱來自尚恩與一名非洲人的談話，對方

提起自己當過童兵，曾帶著哨子去打仗。）2010 年，戰地哨在華府地區成立辦公室，正式營運一年後，曾協助剛果推動自由選舉，選後仍不遺餘力地輔導當地人民了解剛果政治。

尚恩僅憑區區 5 美元就創辦了戰地哨，他和幾位朋友拿著這點錢，「向倒店貨商店買來五支破哨子。我們賣掉那些哨子，賺了 50 美元，然後再去買更多哨子，又賺進 150 美元。」後來，他們就用這筆錢舉辦募款活動，開始與支持者結盟。

尚恩說，他父親教過他，最重要的經商之道是：「如果你花的錢比你賺的錢少，就可以一直獲利。」因此，尚恩和他的團隊盡量減少開支，也常接受朋友幫忙，「有個住在休士頓的朋友從 iPhone 上看到我傳給他的日誌後，第二天曾跟我聊了一會兒，下個星期就把他的公司賣了，然後將行李塞進他的車子，一路開到洛杉磯，打算免費幫我們管理財務。」

他接著說：「我們對外宣布戰地哨需要實習生後，

曾有八名年輕人出現在我們的院子裡說：『你們要我們做什麼，我們就做什麼。』」他還提到：「我們過著兩袖清風的生活，連續吃了一年的速食拉麵和義大利麵，睡的是雙層鋪，六個人擠在三個房間裡，辦公室就設在車庫。」

尚恩曾在那間辦公室舉辦喬遷派對，要求每個人把家中任何多餘物品帶來，「我們得到一塊白板和幾枝白板筆、印表機用紙和一台舊印表機、咖啡杯和咖啡機……都是些基本用品。」

「剛開始沒有任何資源，反而讓我們更擅長處理每件事，也更懂得節儉，更願意為我們的時間和員工負責，更關心我們在剛果和美國的夥伴。學習生存是創業階段最重要的課題，你每天都必須創造奇蹟。」

網運公司（Webvan.com）也是憑藉一項可穩賺不賠的創業構想——雜貨宅配——起家，因此儘管雜貨業向來只有微薄利潤，該公司依然募得大筆資金。1999 年，網運在加

州佛斯特市（Foster City）開業，2001年擴點至另外八個城市，並計畫再進駐二十六城。該公司曾靠上市募集到3.2億美元資金，後來卻不斷砸錢購置花俏倉庫設施、聘用兩千名員工，以致在2001年稍晚倒閉。若干年後，鮮貨直銷（Fresh Direct）網路雜貨店之類的企業，則是以按部就班、精打細算的方式營運，因此得以在雜貨市場立足。

電子玩具（eToys）是網路事業泡沫化的另一個悲劇。該公司成立於1990年代晚期，曾獲得大量創業資金和媒體關注。不過，雖然電子玩具的股價在上市交易首日從每股20美元飆到76美元，但該公司後來的發展卻有如Pets.com的翻版。它們砸下數百萬美元登廣告、做行銷，相關經費遠超過營業額，最後下場是：幾位老闆在2001年聲請破產保護（但該公司易主之後，仍沿用原名）。亞馬遜書店、玩具反斗城、沃爾瑪商場也相繼在若干年後成功進軍線上玩具業，獲得巨幅成長。

奉獻是好事

TOMS 透過一項顛覆傳統的手段來善用有限資源，那就是：打從創業第一天起，就捐贈我們的產品。這個奇招帶來了忠誠的顧客，也幫助我們的事業蒸蒸日上。

如果你把奉獻行動融入商業模式，為你的事業賦予比追求損益平衡更重要的使命，就能創造資源較多的公司無法享有的商機。要不是 TOMS 採取「賣一捐一」的商業模式，AT&T、喜瑞高級服飾、羅夫勞倫精品，以及 TOMS 的其他事業夥伴，也不會找我們合作。人們都希望企業能發揮影響力，當他們得知少數企業並非只為一家公司，而是在為整個社區奉獻，就比較不會在乎那些企業是否給顧客折扣，或者給員工假期。

遺憾的是，多數創業者在事業萌芽階段，往往自認無法做任何奉獻，因為他們尚未獲利，沒有東西可分享給別人。你應該大方與人分享好處的原因是：缺乏資源的你需要很多人的幫助，而獲得協助最好的方法，就是支持一件比你

本人和你的事業更重要的事（指做善事）。

如今，很多人都是獨自坐在電腦和數位裝置前度過工作和私人時間，有些人或許會想參與某件事，好讓自己回到現實世界、與他人接觸，即使做那件事無利可圖也甘之如飴。要吸引別人投資你的計畫，方法有很多種。就拿維基百科來說吧，該網站成立的時候，只動用很少的資源，迄今仍以非常節約的方式在經營，並且允許使用者隨時添加、編輯內容。當用戶發現他們可隨意在該網站發表個人專業知識，以及提供某些想法和全世界交流，維基百科的資源就會以倍數激增，目前該網站已有成千上萬的無薪工作者參與重要、長期的修訂工作。

善用資源

以下是擴充有限資源的幾種方式：

免費增加曝光率

社群媒體大約誕生於十年前，現在這些網站形成了一股不容忽視、無遠弗屆的影響力。臉書、推特、連線、四方（Foursquare）、哥瓦拉（Gowalla）和許多新網站，每天都讓人們能夠輕鬆自由地進行互動。

　　社群媒體最大的優點，就是你不須花錢即可充分利用它們。它們在擁有資源和缺乏資源的企業之間，扮演重要的平衡角色。如今 TOMS 的臉書和推特曝光率已超越大多數《財星》（Fortune）雜誌五百大企業。對某些大公司來說，加入社群媒體是維護品牌的次要手段，而我們認為，善用這類媒體是天經地義。

使用現成辦公地點

　　我從德州搬到洛杉磯後，曾一度從事娛樂業，先後做過置入性行銷仲介商和有線電視頻道創辦人，而且晚上都睡在朋友家的沙發上。當時我擁有的資源不多，但心裡明白，如果我想得到器重，勢必得有個冠冕堂皇的地址和辦公室。

　　那段時期，我在好萊塢大道（Hollywood Boulevard）的網路爪哇咖啡店（Cyberjava）消磨了不少時光，和店裡的

服務員混得很熟，於是就跟他們達成協議：容許我把咖啡店地址印在我的名片上，並且在店裡收取信件。我也經常使用他們的傳真機，有位女服務生偶爾代我接電話時，甚是會如此應答：「麥考斯基媒體，請問有什麼需要幫忙的嗎？」因此，外界人士大概都以為我在好萊塢大道有間辦公室。

創業者租用辦公室，是最不划算的一件事。以車庫創業的例子來看，大多數剛起步的事業，根本不需要實體辦公室，或是貴得嚇人的長期租約。這兩者已無存在的必要，因為現在的電信和行政服務非常方便。話說回來，如果你真的需要一個辦公地址，不妨運用有創意的方式取得。

忘掉頭銜

我從來不相信什麼傳統頭銜，因此創業以後曾經用過「相信者」的職稱，別人問我為什麼，我的回答是：我打從心底相信我們的工作價值。一個有趣的職銜可令人永生難忘。

TOMS 每位成員的職稱都有「鞋」字，例如我是「捐鞋長」（Chief Shoe Giver），早期將員工團結起來的甘蒂絲

「免費」詞彙

TOMS 在草創時期，每樣東西都是免費得來的，至少我們希望這麼做。因此，公司的目標是：盡量不花一毛錢就能取得所需資源。我們也經常對外說明「賣一捐一」的商業模式，目的是讓別人了解：如果他們願意幫助我們，我們才有能力捐出更多鞋子。

我信賴的顧問兼好友海勒（Liz Heller），是第一個告訴我免費協助唾手可得的人。TOMS 也借用她的詞彙，創造了一些跟「免費」有關的新詞，例如：免費午餐（frunch）、免費保險（frinsurance）、免費安裝（frinstillation）、免費法律諮詢（fregal）、免租金（frent），另外還有：免費促銷（fromotion）、免費租車（frar）、免費樣品（framples）等等。無論我們得到的免費品是不是我們想要的，我們總是懷著物盡其用的心態力行節約之道。

（Candice Wolfswinkel）是「鞋膠」（Shoe Glue），我的超級助理梅根是「鞋射手」（Straight Shoeter）。

其他帶有「鞋」字的稱謂包括：鞋大廚（Shoe Chef）、鞋帶（Shoe Lace）、鞋帳房（Cash Shoe）、鞋哥（Shoe Dude）、鞋超女（Shoe-per Woman）等。

如果你拋棄正式頭銜，別人就看不出你們公司的尊卑次序。任何執行副總裁和實習生，都能擁有好聽的職稱。採取這種組織架構，外界人士會把他們見到的每位員工，都當作你們公司最重要的成員對待，因為他們不會知道對方並非什麼大人物。使用別具新意的頭銜，是白手起家的企業取得或開發資源的好方法。我常讓甫出校門、被套上「供鞋人」（Shoe Provider）職稱的二十二歲大學畢業生，接聽某大百貨公司資深採購人的電話。後者只知道這位員工的頭銜很有意思，前者也只知道他的通話對象擁有二十年資歷。

另外，如果你獨力創辦某個組織，並自稱創辦人或執行長，別人肯定會覺得你們公司很小，馬上就能識破你是唯一成員。我早年創辦另一家公司時，名片上印的頭銜是「銷售副總裁」。如果你也自稱副總裁，即可向別人暗示公司

裡還有執行長或總裁，而你只是較大幕僚群裡的一員罷了。

就長期來說，善用頭銜只是完成工作的一種方式。如果某位新進人員願意自稱合夥副總裁，並且利用該頭銜接觸某個未來大客戶，你何不順水推舟讓他擔任這個職務？明天還可以為他冠上其他職稱。

活用名片

剛創業時，名片可能是唯一能讓別人對你留下印象的東西。因此，在製作名片時多花些成本，或許對你有好處。一張有趣的名片會引人注目，讓可能對你毫無印象的人記住你。你可以把名片做得奇形怪狀，也可以採用特殊的尺寸，甚至詭異的顏色。我曾看過有人將名片做成金屬硬幣的模樣，上頭刻著個人資料，我猜會把這種名片扔掉的人大概不多吧。我也始終記得另外一張名片，是用可生物分解紙張和一粒種子做成的，拿到這張名片的人可以埋下那顆種子，看著它發芽成長。

如果你連一張名片都沒有，那就善用別人的名片吧。我就做過一件很搞笑的事：回收利用名片。我在籌畫媒體事

業期間，曾邀集一群潛在投資人召開會議，會後大家交換名片時，我沒有遞上自己的名片，而是拿出從其他會議收集來的一疊名片，然後塗掉原有姓名，寫上自己的名字——這就是我給那些投資人的名片。我想傳達的概念是：如果我的名氣還沒大到可以到處發名片，當然也就沒必要為這種東西破費。因此，當時我用的名片悉數來自我在娛樂圈認識的重要人物，這些名片也可以讓未來的投資者知道，我和他們的競爭對手見過面。

親愛的克雷格：

　　我想對您成立的網站表達至深的謝意，如果不是因為您，要創辦 TOMS 恐怕難上加難。以下所列項目是本公司利用克雷格名錄的收穫，敬請惠賜您的鞋子尺碼，我很樂意奉送您一雙 TOMS 鞋！

TOMS 鞋公司捐鞋長

布雷克　敬上

① 第一批實習生

② 多位員工

③ 大部分的辦公家具

④ 攝影模特兒

⑤ 設計 TOMS「彩繪鞋子」派對的各地藝術家

⑥ 幫我們的會議室縫製窗簾的女裁縫師

⑦ 為公司活動播放音樂的 DJ

⑧ 為公司午餐及會議提供飲食的外燴服務員

⑨ 辦公場地

⑩ 電腦維修

⑪ 繪圖設計師

⑫ TOMS「歡樂星期五」活動所使用的人形大立牌

⑬「大笑瑜伽課」教練

⑭ 擺在零售店用來展示綁帶靴子的數百條人體模型假腿

獎勵員工

你在創業初期可能無法付員工很好的薪水，但只要你能填飽他們的肚皮，就會擁有一群快樂員工。吃飽喝足的實習生，會開心工作，生產力高，也會珍惜公司對待他們的方式。因此，TOMS 總是為員工供應優質餐點，對剛出校門的實習生和大學生來說，能在公司吃到一頓豐盛的烤肉大餐或德州式墨西哥料理，是件很爽快的事，這也象徵公司器重他們，儘管他們工資不高。

我們還會提供別具巧思的禮物和獎品，例如每星期五的下午兩點，我們總是依慣例暫停工作，在戶外舉行一週一次的「地擲球」[1] 比賽，我會提供 150 美元賞金給贏家，大家為了爭取獎金，戰況十分激烈。天黑之後，我們就打開

---

1 譯註：bocce-ball，一種簡單有趣、源於古埃及的球類活動，參加者分為兩隊，在指定場地內擲球對抗，比賽用球分成大、小兩種，雙方以小球為目標投擲大球，裁判根據大球與小球的距離評分。

車頭燈照亮充當球場的後院。

　　由於我很愛喝茶，其他商界人士常送我一堆茶葉，數量多得我消化不完，所以我隨時為 TOMS 的工作人員供應大

為了犒賞員工的辛勞，TOMS 全體人員每年都去馬莫斯山（Mammoth Mountain）滑雪。

量茶水。另外，我也會提供一堆運動服任員工挑選，因為別家廠商常寄給我滿櫃子的運動衣，希望 TOMS 在拍攝鞋子照片時，能用這些衣服做搭配。我們每年還會舉辦幾次「布雷克車庫大清倉」，讓員工免費帶走車庫裡的各種東西，因此每位參加者總能拿走幾件物品，連最後進來挑貨的人也不會空手而歸。

幾年前，我把家搬到帆船上以後，隨即清出包括衣物在內的大部分家當送給員工，他們愛拿多少衣服就儘管拿。我的穿衣風格很特別，經常是一條格紋長褲加一件可笑襯衫，再配上一襲滑稽外套，因此搬家後第二年，我在公司裡隨便瞄一眼，總會瞥見打扮得跟我一模一樣的男性員工。那情景搞不好會讓陌生人以為，這些員工身上的滑稽格紋長褲，就是 TOMS 的正規制服。

免費時代

外界還有數不清的免費資源可供你利用，從網站開發到

公共關係，無所不包。以下是我善用過的一些資源[2]：

- 閱讀費里斯的著作《每週工作四小時》（可向圖書館免費借閱）；書中針對隨機應變的技巧，提供了精闢、實用的資訊。
- 進入 Lifehacker.com 瞧瞧，這個部落格提供大量增進生產力的路數與撇步。
- 閱讀行銷大師高汀的部落格：www.sethgodin.typepad.com。他對於如何運用新媒體和其他管道，以及突擊技巧來推動行銷，有滿腦子創新的構想。
- 上推特網站尋求意外驚喜。如果你想找工作或挖掘新鮮事，會訝異地發現從推特的網友那兒可學到多少東西。我們最親近的朋友往往會出席我們參加的派對、知道我們認識的熟人、和我們聆聽同樣的音樂；而與我們關係較淺的人（朋友的朋友的朋友），才會讓我們把注意力轉移到新的事物上。

---

2 讀者可在以下網址看到上列清單更新版：
www.StartSomethingThatMatters.com

- Compete（www.compete.com）和 Quantcast（www.quantcast.com）這兩個網站可讓你得知競爭對手的網站每個月有多少訪客,以及訪客流量最大的時段。如果你知道哪些事情有利於競爭對手,也可以善加利用到自己公司。

- SpyFu（www.spyfu.com）這個網站能幫你了解競爭對手的網路廣告支出,以及關鍵詞和廣告詞的細節。若它們的廣告策略行得通,或許也能有效應用在貴公司。

- 透過 Kayak（www.kayak.com）安排旅遊,可輕易找到和買到機票,也能順利租到汽車、訂到旅館。該網站還匯集了其他搜尋引擎,例如提供廉價機票的 Orbitz.com 和 CheapTicket.com,可為你省時省錢。另一個同類新網站是:www.hipmunk.com。

- 善用 Doodle（www.doodle.com）,它是和許多大忙人安排會面時間的好工具,先把你預定的時間和日期透過連線告知你打算見面的對象,稍後再上網查詢結果,屆時該網站會通知你最適合會面的時間。

- 上 Gutenberg（www.gutenberg.org）瞧瞧,這個數位圖書館儲存了三萬多部免費電子書,可供你用一般電腦或掌上型電腦閱讀。

- 多加利用 LibriVox（www.librivox.org），可以免費聆聽數千本有聲書。

- 瀏覽 iStockphoto（www.istockphoto.com），其中有收藏最豐富的無版權免費照片、插畫、影片和視訊檔。

- 瞧瞧 Footage Film（www.footagefirm.com）的內容，裡頭提供了大量免費及廉價無版權影片。

- 利用 FreeConferenceCall.com 免費申請私人電話會議，這個服務網站也提供廉價國際電話會議。

- 嘗試使用 LegalZoom（www.legalzoom.com），該網站可找到大量與成立公司、商標、專利、版權，以及其他法律問題有關的文件。

- 進入 Weebly（www.weebly.com）逛逛，這個平台類似免費部落格軟體 WordPress，即使你沒用過超文件標示語言（HTML），也可利用這個平台輕鬆快速架設網站。

- 加入九九設計網（www.99designs.com）會員，該組織以非常廉價的方式提供企業標誌、名片和網頁設計。這項服務採競圖制，你只須填寫一份簡單的表格，說明你想要的設計（例如「我想為敝公司設計一個符合甲、乙、丙三項條件的標誌」），並且為你願意支付

的費用訂一個預算額度。接著，來自世界各地的設計師會根據你的要求提供設計概念。你拿到設計草案後，必須為你最中意的幾個案子評分，並提出改善意見。經過一段時間（通常為一週）後，你再挑出勝選的設計成品，並付費給設計師。

巧喜旅館

每次我必須在紐約過夜時，都是睡在我朋友謝可蔓（Rachel Shechtman）擺在曼哈頓公寓裡的沙發上。那張被我戲稱「巧喜旅館」（Chelsea Inn）的沙發，多年來為我的公司省了不少開銷，而且讓我能夠跟這位好友保持聯絡。

TOMS 很重視隨機應變，成功的組織也永遠不會拋棄這種習慣。請記住本章內容，我敢打包票，你在進行創業計畫的過程中，肯定會再三回頭參考這一章。

第五章
簡單至上

「簡樸，是品格、儀態、風度，和所有事物的極致。」

——美國詩人朗費羅

（Henry Wadsworth Longfellow）

米雪・柯璞絲卡（Michele Sipolt Kapustka）在五個兄弟姊妹中排行老三，一直住在她自幼生長的芝加哥社區，左鄰右舍都是藍領階級。後來，她嫁給了高中戀人，擁有一個人丁興旺的家庭（生了四個兒子）。

她從小到大都熱愛收信、寄信和處理信件，也喜歡回味

童年時代姑婆柔依寄來生日卡的情景（儘管兩人經常見面，姑婆還是會寄卡片給她），因為那些卡片把「生日變成了特殊的日子」。十歲那年，她最要好的朋友搬到佛羅里達州後，她對魚雁往返的喜好更是絲毫未減，而且把每個寄信日都視為特別的一天。

米雪曾在一家廣告信函公司擔任十七年的創意總監，後來轉移興趣，從喜歡寫信，變成熱愛郵寄物品。無論她走到哪兒，只要見著喜歡的東西（從小包砂糖到筷子），就會想到：我可以把這樣東西寄給誰？她說：「當你收到厚厚一包郵件，看到裡頭裝著某樣特別的東西，不覺得很興奮、很好玩嗎？」

2000 年有一天，米雪在一家藥房為某個初為人母的朋友購買賀卡時，看到有個箱子裡頭擺了一堆球。於是她突發奇想，決定寄一顆球給朋友，認為這比寄卡片來得有趣。她買了顆球，在上頭寫下「跟妳的寶寶一塊兒玩球吧！」之後，沒加任何包裝就直接拿到郵局寄出，朋友收到禮物後非常喜歡。後來，米雪也開始寄球給別的朋友慶賀別的事情，而且純粹為了好玩，沒當正經事。

三年後，米雪再次前往郵局寄另一顆球時，一名在她後

方排隊的先生問她在做什麼，米雪立刻向他說明原委。他很喜歡米雪的點子，便問她是否也能幫他做同樣的事。米雪回答：「嘿，這件事很簡單啊，你只要去藥房挑一顆球，然後拿簽字筆寫上一句話，再回到這裡把球寄出去就行啦。」

但那位先生還是希望米雪幫忙，米雪不肯答應，他再度懇求，米雪依然拒絕。最後他開出一個條件：「我付妳5美元總可以吧。」她才終於點頭。

「小姐，」他說：「妳可是自貶身價哦，我本來想給妳10美元的。」

米雪大笑，霎時有了個靈感！她立即打電話向姊姊瑪莉莎透露自己的想法，瑪莉莎說：「米雪，這是個賺錢的好機會。」於是，米雪買下一個網站：www.SENDaBALL.com（意為「寄一顆球」），開創了新事業。

米雪和瑪莉莎的家只隔著一條街彼此對望，多年來她們一直想找個方法，讓其中一人能待在家中照顧孩子（兩人的子女加起來有七個）。現在，她們擁有了可兼顧家庭的事業，弟弟馬克也伸出援手。不久之後，她們便開始靠新公司營生，把球寄往世界各地。2010年，SENDaBALL總

共寄出兩萬多顆球，隔年大約又寄出兩萬五千到三萬顆，公司總營業額破了百萬美元。

姊妹倆自創業以來，不斷聽到別人給的意見和忠告，內容不外乎如何促進公司擴充、改變與成長，甚至包括如何研發機械手。但米雪寧願守住基本經營哲學，就像嬰兒學步一樣：「我沒辦法採取跳躍式的成長步驟，也不打算擴充事業，只想把簡單的創業構想變得更好。」

SENDaBALL 唯一做過的改變，是擴大服務對象，進入商業市場，按照郵寄名單寄送客製球。他們始終維持最簡單的業務：只要有一張訂單、一顆球、一枝簽字筆和兩張郵票，就能搞定。

直到今天，米雪依然會親手為那些球寫上幾句賀詞，「做這種事很簡單，只要字跡娟秀、有幽默感就夠了。」

讓事情保持簡單是件簡單的事情。這句話聽起來或許稍嫌累贅，但也是重要事實。如果你想追求成功（無論是打算創業、已經創業，或考慮轉業），請不要把事情想得太複雜。許多和 SENDaBALL 類似的事業，早就發現這個智慧，並且善用「簡單至上」的原則創造風潮與財富。

TOMS 的簡單哲學主要用在兩大領域：產品設計和商業

模式。後者適用於所有行業，前者僅能應用於設計導向的行業。如果你從事服務業，也可以尋求各種門徑，提供簡單的服務，這點留待後文進一步討論。

簡單設計

先談設計：TOMS 的設計基礎，來自已存在了一百多年的阿根廷懶人鞋。這種鞋子設計得簡單舒適，男女老少咸宜，僅由一塊包覆腳板、黏上鞋底的帆布做成，既美觀又容易穿脫，而且快乾。對阿根廷農夫來說，鞋子快乾很重要，因為他們夏天在田裡幹活時，常突然遇到大雨。

TOMS 把這種基本鞋款改造成美國版，雖然添加了比較耐用的鞋底和襯裡，但始終保留最簡單的樣式。

其他靠簡單的傳統設計獲得成功的鞋類品牌包括：UGGs 設計的靴子，是以澳洲牧羊人穿的一種簡單羊皮靴為藍本；哈瓦仕（Havaianas）夾腳拖鞋的基本設計概念，來自色彩鮮豔的巴西橡膠鞋。這兩種鞋子都掌握了簡單的精髓，成

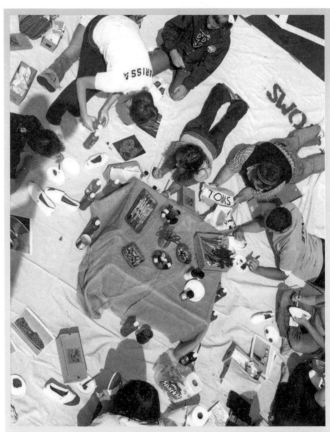

「彩繪鞋子」派對一向透過輕鬆有趣的方式散播 TOMS 的故事。

為廣受都市客垂青的時髦商品。

維持簡單的設計給 TOMS 帶來了不少優勢。我們把基本鞋款當作一塊空白帆布，與韓森樂團（Hanson）、大衛馬修搖滾樂團（Dave Matthews Band）、重擊合唱團（Incubus）主唱波依德（Brandon Boyd），以及好萊塢女星莎莉・賽隆（Charlize Theron）等演藝名人合作，設計多款花色別緻和特殊限量版的懶人鞋，並且推出「彩繪鞋子」活動，受到高中和大學粉絲的熱烈歡迎。

TOMS 舉行「彩繪鞋子」派對時，粉絲們會齊聚一堂，用油彩、麥克筆或任何他們想用的顏料來裝飾 TOMS 懶人鞋。我們也在多項零售活動中加入彩繪鞋子的節目。這類活動也很適合充滿創意的小朋友參與，許多孩子會在慶生會中和朋友們一起為 TOMS 童鞋上顏色、做裝飾，他們的父母也很喜歡這項活動，因為孩子們不僅可玩到趣味創意遊戲，也能學習到為別人付出的經驗。

■　　　　■　　　　■

簡單是設計的王道。看看周遭世界，你會發現許多最成

功的設計概念，也都是最簡單的概念。最顯著、最常見的例子，就是蘋果公司的系列產品，尤其是 iPod。iPod 剛問世的時候，並非全世界最早推出的小型音樂播放器，而且缺少競爭產品提供的某些功能（例如收音機裝置），價格又比較貴，電池系統也較難用競爭廠牌的電池來替換。

不過，iPod 具備其他廠牌所沒有的特色：設計簡單、容易操作。市面上任何產品的機身，都不如它簡潔，也沒有它好用。這一直是蘋果公司的強項：創造簡潔的設計，連不敢接觸科技產品的人也愛不釋手。iPod 問世九年後的 2010 年，銷售量已達 2.5 億支，許多買主從未想到，他們會這麼輕易就成為玩家，能用一個小巧的裝置來儲存和聆聽各種音樂。

另一個善於運用簡單原則的例子是：谷歌。以下這段故事摘自布蘭德（Richard L. Brandt）所寫的企業傳記《Google 為什麼贏？》（*Inside Larry and Sergey's Brain*）。有一次，谷歌副總裁梅爾（Marissa Mayer）在她的部落格上看到一則奇怪的回應：發訊息給她的人只寫下 37 這個數字。梅爾不明白是什麼意思，於是瀏覽過去幾天收到的電子郵件，想查明對方是否傳過別的訊息給她。結果發現，對方只在

信中寫了 33 和 53，還有兩封信寫道：「61，是不是有點太多？」、「只有 13 的那天，是怎麼了嗎？」

梅爾隨即恍然大悟，那些郵件都出現在她更改 Google 首頁頁面的日子，信中的數字則是指首頁內文字數。梅爾原本以為她已經把這個網頁設計得夠簡單了，直到算過字數後，才發覺並非如此。現在，計算首頁字數已成為她的標準工作程序，而且公司規定：首頁字數不得多於 28 個。

簡單營運

任何構想、目標、使命都可以力求簡單，海外外科醫師組織（Surgeons OverSeas，以下簡稱 SOS）就是這個原則的實踐者。

該組織由三十五歲的金漢（Peter Kingham），以及四十五歲的庫希納（Adam Kushner）共同創辦。這兩位醫生都成長於紐約，金漢住在拉奇蒙村（Larchmont），庫希納家在曼哈頓區。金漢先進入耶魯大學專攻醫學史，

之後就讀紐約州立大學石溪校區醫學院，期間曾在坦尚尼亞鄉間一家診所當志工，後來擔任紐約大學醫學中心助理住院醫師，繼之以耶魯暨史丹福大學國際健康學者的身分前往馬拉威工作，現任紐約史隆暨凱特林紀念癌症中心（Memorial Sloan-Kettering Cancer Center）肝膽胰外科主治醫師。

庫希納（父親也是醫生）本來在康乃爾大學讀歷史，波士尼亞戰爭剛爆發時，他正在南斯拉夫旅行，眼看著導遊死於槍傷卻無能為力，從此轉移志向，決定攻讀創傷外科，一個月後就進了醫學院。

金漢和庫希納在開發中國家從事醫療工作而結緣後，發現他們有個共同目標：協助當地外科醫生培養必備救生技能，後來就以這目標作為 SOS 的核心價值。SOS 既沒有從海外引進外科醫生、麻醉師和護理師團隊，也沒有和規模龐大的全球性醫療組織合作，而是聚焦在精簡醫療流程，以及培養當地醫生不假外援即可獨立作業的能力。

金漢和庫希納如此描述他們的使命：「身為外科醫師的我們，雖然樂於前往開發中國家完成大量手術，但我們也明白，如果我們教育當地的外科醫生，甚至幫助這些醫生

再去指導本國的年輕大夫，才能發揮真正的影響力。那些外科醫生都是醫療專家，我們固然可以為他們提供教材、補給品和精神支持，不過長期而言，他們還是一切得靠自己。畢竟，那是他們的國家，他們理當擁有照顧同胞健康的能力，不是嗎？」SOS從未偏離這個簡單、一貫的焦點。

履行簡單的使命，可幫助顧客把注意力放在企業提供的重要價值上。下面就以裡外漢堡店（In-N-Out Burger）為例子，這家漢堡連鎖事業成立於1948年，創辦人是史奈德夫婦（Harry and Esther Snyder），如今在美國西部擁有近二百五十家分店。史奈德夫婦的創業計畫很簡單：「為顧客供應店內所能買到的最新鮮、最高品質的食物，在窗明几淨的環境中提供親切的服務。」過去六十多年來，他們始終貫徹這套理念。

裡外漢堡店的食物選擇不多，只供應漢堡、薯條和飲料。店內一切從簡，每家分店裝潢也很簡單，只有紅、白、黃三種顏色。然而，裡外漢堡店也是西洛瑟（Eric Schlosser）在揭發餐飲業黑幕的暢銷書《速食共和國》（*Fast Food Nation*）中，少數給予正面評價的連鎖餐廳之一；西洛瑟盛讚該店採用天然、新鮮食材，而且善待員工。

「要不斷簡化事情，一次只做一件，而且盡量做到最好。」裡外漢堡店創辦人史奈德先生說。

簡單的構想也很容易適應變局——有時根本無須適應，以不變應萬變。一百四十年前，美國內華達州的一位裁縫師戴維斯（Jacob Davis），曾寫了封信給舊金山一名富商，提出一項可以改善工作褲品質、而且可能創造利潤的獨特構想。那名富商年輕時從德國巴伐利亞移民到紐約，後來在加州淘金熱時期轉往舊金山尋求財富，但他並未跟著大家一窩蜂跑去淘金，而是開創與紡織品有關的事業，將進口的服裝、雨傘、手帕和大量布匹，賣給包括裁縫師戴維斯在內的美國西岸商人。

當時許多顧客頻頻抱怨他們買的褲子口袋老是脫線，戴維斯為此想到一個簡單妙方：在口袋最容易磨損的地方用金屬鉚釘固定，以加強耐用度。他打算為這個點子申請專利，卻付不起 68 美元申請費，於是就和那位年輕移民商人聯繫，詢問對方是否願意跟他合作。那位富商對這項創意很感興趣，因此協助戴維斯在 1873 年 5 月 20 日取得專利。這些加上鉚釘的褲子，基本上都採用相同的設計，迄今依很受歡迎。戴維斯找到的合夥人，就是李維·史卓斯（Levi

Strauss）[1]。

　　以下是幾個靠簡單構想起家的重要企業：

奇帕托快餐連鎖店

　　1990 年，二十五歲的艾爾斯（Steve Ells）自廚藝學校畢業後就搬到了舊金山。那時候，當地的米盛區（Mission District）開了多家販賣墨西哥玉米餅和捲餅的小餐館，艾爾斯三天兩頭跑去光顧，因此想到了一個創業點子：利用有機食材和天然畜養的肉類來製作高品質墨西哥料理、盡量採用簡單的菜單，以及運用生產線技術來加快服務速度。1993 年，他向父親借了筆錢，在科羅拉多州開了第一家奇帕托餐廳（Chipotle）[2]。如今美國三十六州、加拿大和英國，共有一千多家奇帕托連鎖餐廳，2010 年淨收益達 1.78 億美元，員工總計兩萬六千五百人。

---

1 譯註：李維牛仔服飾公司（Levis Strauss Co.）創辦人。
2 譯註：Chipotle，也是一種墨西哥乾胡椒。

克雷格名錄

四十三歲的克雷格‧紐馬克（Craig Newmark）還在擔任電腦安全維護工程師期間，就逐步建立小規模電子郵件名錄，目的是為朋友們提供舊金山最新藝術和科技活動訊息。由於訂戶迅速增加，他在 1996 年毅然決定仿照典型的報紙分類廣告形式，創立免費廣告網站「克雷格名錄」。如今，該網站的據點已擴充至全球七十國的七百餘座城市，用戶流量高居美國第七位。

《甜美生活》電子通訊報

2000 年，美國作家雷薇（Dany Levy）覺得某些雜誌出刊速度慢得教人受不了，於是決定自創一份蒐羅紐約時尚消息、餐飲推薦和娛樂活動的即時電子通訊報，取名為《甜美生活》（*Daily Candy*），接著便陸續將這份電子報寄給大約七百位朋友、家人，以及她認為有影響力的人。目前已發行多期的《甜美生活》，走的是輕鬆逗趣風，因此人見

人愛，訂閱地區囊括亞特蘭大、波士頓、芝加哥、達拉斯、洛杉磯、費城、邁阿密、舊金山、西雅圖、華府、倫敦等大城市。2008 年，康卡斯特公司 [3] 以 1.25 億美元高價收購《甜美生活》。

2000 年，二十五歲的貝斯特（Charles Best）在紐約布朗克斯區（Bronx）任教期間，因公立學校資源貧乏而感到萬分沮喪。後來他發現有些想提供教育捐款的人，希望能跟各校教室直接聯繫，於是就成立了「捐贈者之選」（DonorsChoose.org），讓各地公立學校老師可透過該網站，提出他們教室所需的特定捐贈物品（從鉛筆到樂器）。捐贈者瀏覽過這些需求後，可針對他們有興趣的項目貢獻任何金額的捐款。所有捐贈者都會收到老師們的謝卡、計畫進度照片，以及捐款用途說明。該網站取得的募款已超過

---

3 譯註：Comcast，美國主要有線電視、寬頻網路及 IP 電話服務供應商，總部設於賓州費城。

7300 萬美元，幫助了全美三萬五千所公立學校的三百餘萬名學子。

小母牛國際組織

這個組織成立的構想很簡單：供應牲口可幫助許多家庭脫貧。1939 年，救難員魏斯特（Dan West）在為西班牙內戰難民配給奶粉時，發現難民們總是拿不到足夠的奶粉，而且貧窮家庭很需要牲畜幫他們耕田、生產可餵養子女的奶類，以及在田間留下可改善土質的糞肥。因此，他想為那些窮人成立一個專門供應牲口的組織，這便是小母牛國際組織（Heifer International）的由來，如今該組織持續為全世界一百二十五國的鄉下人家提供山羊、水牛等牲口，另外還教導這些家庭種植樹木、收集牲畜糞便做有機肥、防止過度放牧、為長期收成做規畫等等。該組織的受惠者也成為施惠者，因為他們同意與別人共用牲口子嗣，小母牛國際組織稱之為「傳遞禮物」。

網飛租片公司

1997年，三十七歲的創業家黑斯汀（Reed Hastings）賣掉自己的軟體工程公司，專心投入另一個行業：DVD出租。當時的民眾習慣去百視達或是各地錄影帶出租店挑選想看的VHS片子，黑斯汀的構想很簡單：將DVD直接郵寄到顧客家裡。如今，他創辦的網飛（Netflix）線上租片公司可提供十萬種以上的影片，每月訂戶達一千萬。2007年（網飛成立第十年），該公司寄出的DVD打破了十億片大關！

西南航空

1966年某一天，德州創業家金恩（Rollin King）把他畫在一張雞尾酒餐巾紙上的三角形，拿給他的律師凱勒赫（第三章曾提過）看。那三角形代表德州，每個頂點寫著一個德州城市名，分別是：達拉斯、休士頓、聖安東尼。當時，搭機往返這三座城市既不方便又很花錢，金恩想為德州這塊三角地帶開辦廉價航線服務，凱勒赫很喜歡這點子。如

今，金恩創辦的西南航空，每年承載的旅客人數均超過其他航空公司，而且年年獲利，祕訣何在？凡事力求簡單，讓西南航空成為短程航班旅客最廉價的選擇。2008年卸下執行長職務的凱勒赫曾說：「我只要用三十秒就能說出經營這家公司的祕訣：我們是廉價航空公司。你一旦了解這個事實，就有辦法和我一樣替這家公司的未來發展做任何決策。」

打散工作場所

許多選擇簡單商業模式的創業家，也會尋找簡單的營業場所。當身邊沒有一大票員工時，我比較能發揮創意，所以我最好的點子都是在飛機上想出來的，因為搭機時不會被某些科技產品和電子郵件分心，也不用頻頻接聽電話。

TOMS把工作場所設在一座沒有劃分辦公室的大倉庫裡，每位員工都有一個用夾板隔開的工作站，看上去彷彿許多小小的立方塊。工作站隔牆只有一百三十五公分高，

TOMS 的辦公室已有很多變化，但依然堅守謙卑低調的原則。

員工交談的時候，就像站在後院籬笆旁邊一樣。這種配置可鼓勵員工輕鬆快速地溝通，任何人隨時都可以跟旁人說話，高階主管與客服人員之間也沒有太大隔閡。如果某個員工有問題，只要站起來發問就行了。我們在各地建造未來幾個總部的過程中，也打算維持這種開放空間。

　　經營事業不須使用打卡鐘和哨子，如第四章所述，只須有一個網站、幾張名片和一個工作場所就夠了。除此之外，

你也可以去星巴克咖啡店跟客戶碰面，從聯邦快遞網路影印店（Fedex Office）取得業務協助，利用信箱集團[4]提供的郵政設施，以及租用電話答錄機和按時計費的會議室。

許多公司（無分大小）已採用簡單的營運模式，例如網飛公司不再實施休假或病假制度，因為讓人力資源部記錄所有員工請假資料，既花錢又勞神。如果一家公司擁有盡責的員工，他們不會隨便找機會休假，只會在自認應該休假時才放下工作。

賽氏企業（Semco）是一家成長快速的巴西公司，產品包括：船用抽水機、工業用洗碗機、攪拌器、天平等等。執行長賽姆勒（Ricardo Semler）創造了最簡單的工作環境：拆掉辦公室所有圍牆、取消員工穿著規定、廢除考勤卡，甚至容許員工自行決定想與哪位主管共事，以及自訂並公布薪水。賽姆勒掌舵以來所採行的簡單經營模式，讓該公司年收益從 400 萬美元，成長到 2 億美元。

好市多量販店領導者也崇尚簡約，執行長辛格爾（Jim

---

4 譯註：Mail Boxes Etc.，1980 年成立，提供數位印刷、影印、包裝和宅配等服務。

Sinegal）認為，公司和他本人都應該支持簡樸節約之風。他在華盛頓州總部的辦公桌，是二十五年前從二手家具行買來的一張普通桌子。其他的辦公家具，大多是接收好市多門市進駐的大樓所留下的。

■　　　　　■　　　　　■

別人愈了解你的為人和你支持的事物，愈容易把你的故事轉告其他人。如果你有明確的職責、計畫和目標，你的故事也會輕易飄入旁人耳裡，無論聽故事者是投資人還是電梯乘客。別人使用或購買你的產品之前，肯定會想了解那產品的背景，事情就這麼簡單。

傳遞簡單的訊息，才能長留在人們的記憶中。一般人在聽到某個動聽的詞句或構想後，往往會先把它烙印在腦海裡再口耳相傳。因此，許多精彩的企業廣告用語和口號，總是提供最直接明瞭的訊息。期望獲得大量關注和生意的企業，會不斷用廣告訊息轟炸你，這些訊息愈簡潔，愈有可能滲入你腦海。你不必等到創業才體驗簡約的好處，我發現擁有簡樸的生活和追求簡單的事業同等重要。

TOMS 剛舉辦送鞋活動時，我（和無數其他人一樣）注意到一件事：最貧窮的人往往看起來最快樂。我們拜訪的鄉下孩子擁有的東西不多，卻經常散發出都市裡很少見的歡樂氣息。我愈是思考這現象，愈能明白一件事：複雜的生活和萬貫的家產，不一定能帶來快樂，事實上還會製造不幸。

領悟了這個道理後，我決定清除大部分家當，遷居到一艘帆船上。我本來住在一間不錯的單身公寓，擁有大螢幕電視、新潮娛樂設備、又酷又炫的家具。高級廚房裡有兩座爐台，外加一個特製冰箱，可調節最適當的溫度來保存葡萄酒。所有牆壁都掛著藝術品，屋裡還塞滿了相機、衣服、鞋子，和人類才會收藏的各種垃圾。我環顧四周，愈來愈覺得家當實在太多，而且只有少數幾樣是真正需要的。

我搬到面積只有兩百平方英尺（約 5.6 坪）的船上後，根本沒有房間可容納這些家當，非得幫它們瘦身不可，於是就把絕大部分的東西賣掉或捐掉，只留下運動器材和我喜歡的書。（如果將來我有一棟房子的話，還是會留下可塞滿整座圖書館的書，因為我覺得書籍和其他財物不一樣，比較像朋友。）

我最喜歡的照片之一，攝於阿根廷第一次送鞋活動結束後。

　　處理掉雜七雜八的家當後，我頓時感到無比自由，內心
更加平靜安詳，創造力隨之提高，思路也變得比過去清晰
多了。

　　住到船上這件事，是促成我追求簡樸生活的催化劑。你
不妨自問：日常生活中，你究竟需要多少東西？多少衣服？
多少玩具？看看四周就能找到答案。你可能得先創造簡單
的生活與工作環境，才能想出下一個簡單的創業構想。

以下是幾個創造簡單生活的技巧：

隨身攜帶電子或紙本筆記簿

我們想記住的事情太多，但腦子裡裝得下的東西著實有限。我不相信一顆纏滿雜亂訊息的腦袋瓜，還能記得住任何事情，所以會把每件要事（例如我想見面的對象姓名、突然閃現的設計新概念）寫下來。記下這些事可讓大腦休息，有更多餘力去解決問題或即興創作。

盡量減少身外之物

認真想一想，你究竟需要多少東西？事實上，擁有的東西愈多，就得花愈多的時間和精力照料它們，反而沒心情好好享用。人們往往喜歡買一堆奢侈品，以為這樣就能擁有更好的生活，其實只會掏空自己的時間、體力和積蓄。

減少身外之物最好的辦法，就是盡量只租不買。如果你喜歡在海上乘風破浪，且每年只出航十次，就沒必要買船；

要是你偶爾才會開車，就租車子或加入汽車共享服務[5]。以租借取代擁有，可減少維修保養的需求和照顧昂貴物品的麻煩。

按表操課

養成按表操課的習慣似乎違反本能，但其實可簡化生活，讓你高枕無憂。常有人問我，把時間表排滿是否會有心理壓力？我覺得不會。以前我老是得忙著擠出空檔見朋友或回電話，現在我會排好時間處理每件事，這樣就能心無旁騖地跟某個人討論事情，而不必頻頻查看是否還須跟其他人會晤。

---

5 譯註：car-share service，由政府或民間供應車輛，讓一群人共用一輛或多輛車的服務，目的在減少車輛持有率以及停車空間需求，使用者須加入會員。「汽車共享」有別於「汽車共乘」，後者指一群人共乘一輛車，於同一時間前往同一目的地或沿線各地，目的在提高每輛車乘載率，車輛由車主自願提供。

一舉數得

我喜歡親近水，也喜歡駕船出遊，因此才會在搬出公寓、需要住處時，買下一艘帆船，從此以船為家（要是我不住在船上的話，也會考慮租艘船），這個行動可同時達到三個目的——與水親近、駕船出遊、找到新家。同樣道理，我想維持身材，但沒有太多時間運動，所以只要情況許可便騎單車上班，順便健身。以騎車代替開車，還能達到另一個目的：善待地球。

不做科技奴隸

很多人在享受科技帶來的好處和便利之際，往往也把使用科技產品的習慣變成了某種強迫症。對我來說，黑莓機或 iPhone 的確是替我省事的好工具，讓我無論置身何處都能工作；但我不想被這類產品綁架，所以只在必要時才用，沒有養成依賴它們的習慣。

我擺脫科技產品掌控的做法是，把私人和商務電子郵件

帳號分開。你也可以嘗試這麼做，但千萬記得：不要在週末看商務郵件。我總是告訴員工，我不想在週末聽到他們的消息，而且盡量不在週末向員工透露稍具雛形的構想，以免打擾他們。

向雜物說拜拜

清空你的衣櫃、整理你的抽屜——每年至少四次。我堅決相信，你身邊的雜物愈少，須消除的雜念也愈少。

擬定簡單計畫

請根據下列問題，用一句話寫下答案。有些人或許想做所有的事情，有些人可能只想做其中一件：

一、你想從事什麼行業？

二、你希望別人知道你哪些事情？

三、別人為什麼應該僱用你？

四、你想完成何種社會使命？

五、如果你正在設計某種產品或服務，就問自己：在可以完整保留原有功能的前提下，你能夠從這項設計或服務中刪除哪些部分？

重點是，你只能用一句話來回答適合你的問題。如果做不到，就考慮回頭研究醞釀中的計畫，直到你有辦法將答案濃縮成一個簡單的句子為止。

時間管理專家教戰守則

我朋友費里斯是時間管理專家，著有《每週工作四小時》一書（見第三章）。我請他提供一些技巧，教你如何成為簡化事情的戰略高手，他的建議如下：

首先，從好的方面來說，大多數人會發現，就算薪水少三成，他們照樣能輕易獲得最珍貴的東西，例如：好友、美食和醇酒。事實上，他們可以聽從西元一世

紀羅馬哲學家塞尼加（Seneca）的忠告：「騰出幾天時間，認真體驗節衣縮食的生活，同時自問：『這就是我害怕的生活嗎？』」

換句話說，與其設法將行事曆排滿，只求得過且過，不如先規畫朝思暮想的生活形態，再用高產量、高效率的工作填滿時間空檔。

以下幾個方法，可簡化事情、維持秩序、提升效率：

一、根據「80 ／ 20」的原理分析你運用時間的方式，然後列出「勿做事項」。

你會花 20% 的時間從事哪些活動？有哪些使你無法專心或受到干擾的事物，會占據其他 80% 的時間？如有必要，不妨利用「搶救時間」（www.rescuetime.com）這類網站提供的分析程式。先想清楚哪些事情會吞噬你寶貴的時間，接著在「勿做事項」清單上，寫下二到四項造成分心或干擾的事務，然後每天早上看一遍，嘗試在一、兩天內不做那些事，並且在某些時段考慮

只使用「搶救時間」網站，不上臉書和推特。

二、嘗試善用省錢的網路助理。

假設從今天起，你的週末假期延長為三天，你會想做哪些事？如果使用網路助理，可以讓你每週節省八小時工作時間，你的週末假期就會多出一天來。大多數使用網路助理的人，可在兩個月內將每週工時減少十到四十小時。善用網路助理能使你獲得喘息空間，盡情追求本來打算拖到退休才去實現的夢想，還可以專心從事收穫豐盛、創造營收的活動，而不用打理行政工作或私人雜務，進而提升基本生活素質和開拓視野。而且你絕不會故態復萌、重蹈覆轍。請點閱 www.tryasksunday.com、www.elance.com（搜尋關鍵字：virtual assistant）、www.samasource.org，或是 www.redbutler.com 等網站，瞧瞧它們提供的網路助理選項。

三、早上十一點以前不看電子郵件。

利用上午時間專心完成你最討厭的「待辦事項」。

四、學習不理會沒好處的小事。

很多人會為了完成重要大事,而選擇接受或忍受某些沒好處的小事——例如:晚一點再回通電話向某人致歉、未能準時歸還某樣東西(書籍、DVD 等等)而被罰點小錢、損失一名不可理喻的顧客。擺脫壓力的有效策略,並非像擁有三頭六臂一般做更多事來分散自己的注意力,而是認清哪幾件事會徹底改變你的事業和生活,將雞毛蒜皮小事擱一邊。

把瑣碎、討厭(或根本不重要)、無用的事情,當作妨礙生產力的包袱。你收過違規停車罰單嗎?是否討厭某個老是占用你的時間、對你死纏爛打的「朋友」?那就把心思放在幾件要事,而非一堆瑣事上吧。

第六章

贏得信任

「信不足焉有不信。」[1]

——老子

台灣移民之子謝家華，是過去二十年來美國最成功的創業家之一。1996 年，年僅二十二歲的他創辦了第一個事業 Link Exchange。這家廣告交換平台網路公司在巔峰時期，每個月可將廣告送進半數以上已接裝網路的美國家庭。

---

1 譯註：意思是「不夠信任別人的人，也得不到信任。」

1999 年，他與合夥人以 2.65 億美元的價碼，將該公司賣給了微軟。

同年，謝家華與人合創大型網路鞋店 Zappos。2008 年，Zappos 的商品銷售額從零獲利成長到十多億美元，並且持續增加。一年後，該公司被電子商務龍頭亞馬遜公司買下，成交價約 12 億美元。

亞馬遜開出的交易條件是：要求謝家華和他的團隊留在 Zappos，繼續協助公司成長、充實企業文化。當時，Zappos 已建立一項美譽：是美國最佳職場（《財星》雜誌 2010 年「美國最佳就業公司」排行榜第十五名）以及最佳購物平台（顧客滿意度極高，每日訂單 75％來自老主顧）之一。

謝家華曾和我分享許多成功祕訣，其中最重要的一點是：他為 Zappos 建立了備受推崇、深得信任的企業文化。「信任是事業的根基，也是妥善完成工作的要件。一個品牌的成敗，取決於未來客戶是否信任該公司。」謝家華說。

這種信任來自多方面，包括員工、廠商和顧客的信賴。謝家華指出：「當員工想為公司追求最大利益，而不單是為私利打拼，才能讓組織發揮最高效能。」

為了增進信任感，謝家華鼓勵員工要像朋友一樣了解彼此，並一起從事休閒活動。員工可透過私下互動培養高度信任感，在公司內外建立有效的溝通途徑，他表示：「如果員工關係像朋友，而不只是同事，他們比較會互相幫忙。」

Zappos獲得公司內外夥伴信賴的另一個方法是：言出必行。謝家華曾提到：「前兩天，我發了一篇部落格貼文，報告亞馬遜收購案滿一週年後本公司最新狀況。去年Zappos剛被收購的時候，我曾洋洋灑灑寫了一份備忘錄給員工，一五一十地說明我的想法，以及收購過程和這件事的重要性。因此，我在部落格中繼續逐項交代本公司有哪些承諾和計畫，以及實施現況。例如，我們曾立誓維持本公司的獨立性和Zappos這個品牌，但許多反對收購案的員工說，他們以前也聽過類似的承諾，可是很多被收購的公司總是食言而肥，遭到併吞。以大多數收購案的情況來看，這或許是事實，但Zappos始終擁有自主性，我在一年前那封信中提出的承諾依然站得住腳。」

Zappos和多數企業的差別是，它們積極鼓勵員工加入公司推特帳戶（人數愈來愈多），而且可隨興發表推文。其

他公司會監督員工的言論，Zappos 只要求員工善用自己的判斷力。

Zappos 最著名的一項制度，是對每位已完成公司培訓、最後決定離職的新進人員，照例頒給 3000 美元酬金（約新台幣 10 萬元），因為 Zappos 希望留下忠誠的員工。接受培訓的人員約 98％婉拒這份酬勞，選擇繼續為公司效命。

另一項奇特的制度是：如果員工認為其他同事表現良好，值得獎勵，就自掏腰包給對方 50 美元，但每個月最多只發一次獎金，員工往往因為產生這種信任而留在公司。雖然各部門流動率不一，但整體而言，Zappos 員工流動率遠低於競爭對手。

Zappos 也會設法取得廠商和顧客的信賴，該公司與一千五百多個品牌有生意往來，但在繁忙的交易過程中，沒有一個廠商遭冷落，各家都受到親切的款待。「我們認為商場上的關係不只是談談生意就夠了，各種人際關係都必須建立信任。」謝家華說。

他還表示：「過去的零售商和批發商之間總是處於對立關係，因為雙方通常只玩零和遊戲，共享的財富有限：零售商賺一分錢，批發商就賠一分錢，反之亦然。我們把經

銷商都視同夥伴，並且以建立對雙方具有長遠意義的商業關係為宗旨。如果你們信任彼此，就能夠形成比結合部分利益更重要的商業關係。」

贏得信賴這件事，早就存在於 Zappos 的思維中。其他公司可能得費力爭取信任，但 Zappos 從一開始就建立信用。「有時候，我們確實得和某些不可靠的人打交道，但這種情況很少發生，因此沒有人質疑過我們的例行政策。」謝家華說。

信任這個課題涵蓋範圍很廣，我想把它濃縮為兩個層面：

一、領導者在組織內部建立的內在信任。

二、組織與顧客、經銷商、捐贈者（如果是非營利組織）所建立的外在信任。

內在信任

從工業革命興起到現代職場出現這段時期，企業雇主和員工之間的關係產生了巨大的鴻溝。美國「科學管理之父」

泰勒（Frederick W. Taylor）的論著《科學化管理原理》（*The Principles of Scientific Management*）是工業時代的聖經，主張應用所謂的科學分析來改善職場生產力。泰勒的理論基礎源自以下幾個概念：工人天生懶惰，不愛工作；主管應該盡量把工作分解成最小單元，然後監控員工所做的每件事，並根據他們在特定時間的工作表現敘薪；在金錢誘因驅使下，員工生產力最高。

遵行泰勒原理的企業，向員工傳遞了一個明確的訊息：公司不放心把任何重責大任託付給你們，你們也不應該相信老闆除了按鐘點付你們工資之外，還會為你們做任何事。

並非所有雇主都用這種方式領導企業，也不是所有員工都覺得遭到公司排擠和虐待。不過，大體來說，這段時期企業領導階層的管理詞庫中，沒有「信任」兩個字。

近數十年來，各行各業成功領導者的心態已有重大轉變。雇主和員工之間的互信，是現代領導人打造成功事業和前景的基石。

身為領導者的你有責任激勵部屬、同僚、合夥人，以及你有權影響、指揮的任何人。昔日的領導人多半是心高氣傲、富群眾魅力、有巴頓將軍[2]之風的指揮者，現代的優

秀領導人則是懂得信任僚屬、充分授權的掌舵者。畢竟，能夠主宰個人工作、拒絕淪為工作犧牲品的員工，才會產生滿足感。而對領導者來說，要滿足員工並不難。

切記：員工愈是樂在工作，你的事業愈能提高績效。激勵員工的方法之一，是讓你的團隊腳踏同一條船，或保持一致立場。如果團隊合作無間、服從相同指令，員工信心就會大增。

近代領導風格之所以從「獨裁式」轉向「信任式」，原因有很多，但主要因素是：職場傳遞知識的方式改變了。從前資訊傳遞的過程是垂直式，也就是上傳下：企業總部主管辦公室率先提出重要概念和資訊後，再有選擇性地過濾給員工。

現在的職場扁平多了，任何公司都能享有來自各地方、各階層員工的重要貢獻。這些員工的身分可能是實習生、兼差者或主管，工作地點可能在芝加哥、上海，或蘇格蘭附近的謝德蘭群島（Shetland Islands）。沒有人知道下一

---

2 譯註：General Patton，二次世界大戰期間屢建奇功的美國坦克部隊名將，領導作風強悍。

個好點子會出自哪裡、如何在組織內部流動——可能是上傳下、下傳上，或者迂迴通過中間階層。

要讓好點子順利流通，就得授權員工提出並執行這些構想。如果你為員工提供某個職位，卻不給對方完成工作或提出意見的權力，便無法激勵任何人。缺乏實權最容易折損工作動機。

惠普科技公司（Hewlett-Packard）共同創辦人惠烈（Bill Hewlett），是扭轉「泰勒管理模式」盛行趨勢的知名企業領導者。柯維（Stephen M. R. Covey）和梅瑞爾（Rebecca R. Merrill）合撰的《高效信任力》（*The Speed of Trust*）一書敘述，某個週末，惠烈前往惠普公司儲藏室尋找一樣工具，結果發現工具箱上鎖了。由於惠普公司一向採取非常信任員工的開放政策，准許他們使用公司裡的所有工具，因此惠烈當下便撬開了鎖頭，並貼上一張告示：「惠普信任員工。」

後來，有人引述惠普公司另一位創辦人派克德（Dave Packard）說的話：「那些開放式工具箱和儲藏室，就是信任的表徵。信任員工，也是惠普公司做生意的本錢。」

過去四十年來，「僕人式領導」一詞曾被大量引用，這

是企管顧問葛林立夫（Robert K. Greenleaf）在 1970 年發表的論文〈領袖兼僕人〉（The Servant as Leader）當中提出的詞彙，意指領導者不靠職權，而是透過同理心、傾聽技巧、服務精神，以及自覺意識，來善用領導權威。

歷史上的領導者也曾運用過這種權威，西元前第四世紀的古印度思想家和政治家考底利耶（Chanakya）寫道：「領導者應該把順應民心看成好事，而不是取悅自己。」古往今來，從印度聖雄甘地到美國黑人民權領袖金恩（Martin Luther King）等哲學家和學者，都倡導這種領導方式。

近年來，僕人式領導的概念廣受歡迎。當今許多成功領導者都不鼓勵激烈競爭，而是樂於分享功勞、竭力奉獻、支持透過創意進行合作的環境。

十多年前，我創業的目的是成為聲名遠播世界、勝過同輩的明星式領導者，也就是典型的偶像執行長。不過，近幾年來，我對商業和世事了解得更多以後，成名欲望已隨之遞減，而且興起了另一股欲望：採取較有人情味的柔性領導風格。我不希望 TOMS 只是我個人的事業，而是期許每位員工對 TOMS 產生濃厚的感情，任何人都能在恰當的時機為公司發言。

一名領導者可以創辦一個事業，一群人則可以帶動一股風潮。真正優秀的僕人式領導者擅長激勵別人，也樂於培養熱愛個人工作、更熱愛公司及其使命的忠誠員工。這類領導者了解他們主要的職責，並非發掘和逐項完成分內的工作，而是設法幫助許多員工完成該做的事，確保每一名團隊成員都能全力以赴，創造績效。

因此，身為領導者的你有義務協助部屬改善工作，我也會要求公司內部高層主管為小組裡的每位成員服務。TOMS 有兩名重要主管堪稱僕人式領導者的完美典範，其中一人是「鞋膠」甘蒂絲（見第四章），另一位是美國地區銷售暨行銷主管姬兒·狄艾兒麗歐（Jill DiIorio）。有趣的是，甘蒂絲在加州總公司上班，姬兒則是在德州休士頓（大約和總公司相距一千四百英里）工作。兩人激勵屬下的做法是：為員工加油打氣、表揚他們的成就、讓他們用最適合的步調完成工作，因此大幅提升了員工生產力。如果姬兒或甘蒂絲優先處理個人職務，未能協助屬下以更有效、更聰明的方式完成工作，就不會產生這樣的成果。

僕人式領導包含許多面向，領導者若想贏得員工信賴，最直截了當的做法，就是承認自己的錯誤。做任何工作難

免會出錯，你和別人都不例外。這是好事！因為犯錯是組織獲得成長最重要的一個過程，如果你不把這些錯誤看成阻礙進步的過失，而當作增強組織內部信任的機會，就可以把壞事變好事，得到你需要的信賴。

我在 TOMS 當然也有過不少疏失，最嚴重的一次錯誤就是推出「氣流鞋」（Airstream shoe）。TOMS 剛成立時，為了讓大眾認識和了解我們的品牌與使命，我們經常開著一輛「氣流牌」露營拖車，前往各地舉辦活動。我很喜歡「氣流」這字眼──聽起來時髦、經典、雅緻，象徵某種迷人、自由的旅行氣氛。當時我以為 TOMS 的粉絲會和我一樣喜歡這個名稱，並且愛上 TOMS 的氣流鞋，於是就說服我們的生產團隊製作了八百雙。以 TOMS 早期的規模來說，這是很大的產量。

那批鞋子美呆了：鞋面是灰色和深藍色，襯裡印有一幅美國地圖。為了促銷，我們決定在喬治亞州派里市（Perry）舉行 2008 年的銷售會議，集會地點就選在氣流拖車大會會場，這個大會每年都有來自全美各地的兩千名氣流拖車愛好者參加。

我們一抵達會場，就看到人山人海，還有一堆漂亮的拖

車，場面十分壯觀。那些熱愛探險、開著拖車前來的粉絲，大多是退休族。可想而知，他們比較愛穿正式的鞋子，不會看上 TOMS 懶人鞋。我們在會場準備了八百雙氣流鞋，以為這種外型與氣流車相呼應、襯裡印著美觀地圖的鞋子，

我花了兩個多月的時間，開著這輛「氣流牌」露營拖車穿梭於美國各地訴說 TOMS 的故事。照片攝於諾斯壯百貨公司停車場，當天我們在那裡紮營過夜。

肯定會受到現場人士的青睞，卻沒料到他們根本不想或不敢穿這種鞋，所以我們只賣了五雙。

後來，我在洛杉磯 TOMS 總公司進行改組時，主動為此事向大家認錯。原本以為自己的想法酷斃了，可以拉近 TOMS 一般消費者和氣流車愛好者的距離，但事實並非如此。因此，我們決定日後採行任何設計決策以前，都得先做紮實的研究。（附帶提一下，事後我以「每樣東西總有用處」為由，把那些氣流鞋當禮物送給了喜歡這種鞋款的朋友。那年一整個夏天，我也都穿氣流鞋，目的是提醒自己：一頭栽進任何事情以前務必三思而行。）

身為領導者的你勇於承認自己判斷不佳，就是在向員工證明，你不會掩飾個人過錯，或者把過失轉嫁到別人頭上。我為氣流鞋的失誤承擔了所有責任，既沒有怪罪銷售人員不夠努力，或生產人員做不出好看的鞋子，也沒有指責研發人員把事情搞砸；結果不但贏得了員工的信任，而且讓其他部屬了解到他們也可以犯錯，因為出錯是整個學習過程的一部分。從那時起，每當有人未經深思熟慮就打算推動某個點子，我們總會說：「唉呀，這主意搞不好會讓氣流鞋事件重演哦。」

我也曾經因為犯錯，反而幫助 TOMS 獲得了外界的信任。事情是這樣的：我們剛開始為諾斯壯百貨、都會服飾店、活力運動用品店（Active Ride Shop）等主要客戶供貨時，曾在所有產品的鞋底添加了一塊補丁——因為我們覺得那樣很好看，以為顧客也會這麼想。後來才發現，顧客第一次穿上這種鞋子時，那塊多餘的補丁還不會出什麼問題，可是穿了幾個星期之後就會磨破，遇到雨天還會造成鞋子打滑，害人跌倒。

雖然顧客們沒有提出抱怨，但因為我們知道這是個問題，而且心裡老是犯疙瘩，於是就不打自招，在零售商還不知道我們出這種紕漏以前，直接向對方供出實情。

後來，TOMS 主動回收全部的鞋子（我們不小心生產了太多——正確數字是六千雙），不僅對公司財務造成龐大負擔，也讓所有客戶警覺到我們出了大錯——由於我們是一家小公司，信譽已經遭到許多商家質疑，因此這麼做等於是走了一步險棋。不過，我們願意為自己的過失承擔責任，反而讓我們獲得了長期的信任。從此以後，零售商都知道 TOMS 對每件事很有擔當，絕不馬虎。

你應該為自己的過失負責，也應該容許員工犯錯。他們可能會歸錯檔案、遺失訂單、損壞貨品、冒犯顧客等，類似的差錯層出不窮。不過，員工為犯錯付出的代價，可能比他們因犯錯獲得的成長，以及他們為組織創造的價值來得少。假如我們的客服人員出了某個差錯，讓公司損失5000美元，雖然那筆錢一去不復返，但來日說不定能為我們省下大量成本。

　為什麼？因為那位員工可能不會再犯同樣的錯。最划算的是，我們不必再訓練別人處理他的工作——那個人搞不好會無知地重蹈覆轍，讓公司又賠掉5000美元。客服人員有了犯錯經驗後，肯定會非常了解他的職位潛藏哪些陷阱，因而懂得防範更多的錯誤。

　有些過失或許是制度本身造成，員工無論如何一定會出錯。容許員工坦然討論這些疏失，可以矯正相關制度。如果你提高對員工的信任度，即使你必須為他們的過失付出代價，但長此以往仍有可能因禍得福。從另一方面來說，如果員工犯下了損害公司信任的罪過，又另當別論。這時

你必須鐵面無私地讓大家明白，你絕不容忍員工破壞信任。換句話說，你應該建立容許員工犯錯，但不得糟蹋信任的企業文化。

以下故事可以說明，有些員工十分擅長掩飾自己的無知與罪過。我經營別家公司的時候，遇過一位名叫傑瑞的員工。雖然他大學剛畢業就來上班，卻一副經驗老到的模樣，總是很早進辦公室，工作時間也很長，而且樂此不疲。

然而，我們很快就發現，傑瑞有個嚴重毛病——愛聊八卦。每個員工或多或少都喜歡說三道四，只要大家沒有惡意，或是為了紓解壓力，那麼偶爾聊聊輕鬆有趣的八卦或許無傷大雅，況且任何公司都沒辦法、也不應該監控員工的談話。不過，有人向我和其他人反映，傑瑞老是在公司裡說別人（包括他的團隊成員）壞話，凡是他看不順眼的同事，或是他假想的競爭對手，都會成為他用搞笑八卦惡整的對象。後來，有幾位員工噙著眼淚跑來見我，因為傑瑞對其他同仁說了些惡意中傷他們、純屬子虛烏有的故事。

我向來無法容忍員工用言語傷人，因為這種行為會嚴重破壞人與人之間的信任。既然傑瑞犯了公司的禁忌，我們只好請他走路。雖然開除一名能幹的員工不是件愉快的事，

但最後結果是：讓組織得到更多信任，也讓其他員工相信我們言出必行，對任何擾亂企業文化的同僚絕不寬貸。

頒發「每月失誤獎」

　　密西根州底特律市有家行銷廣告公司，是以別出心裁的手法讓員工從犯錯中記取寶貴教訓：博根公司（Brogan & Partners）會針對員工的過失舉行投票，然後頒發「每月失誤獎」給犯下並承認最大錯誤的員工，獲勝者可領到一筆誠實獎金（60 美元現鈔）。更重要的是，公司會向所有部門公布這些疏失，讓每位員工不會再犯。曾獲失誤獎的事項包括：未先確認電腦中的文件內容是否齊全，就在客戶辦公室提出報告；贈送奇怪禮物給客戶，有一次送的是三個一組的豹紋高爾夫球桿桿頭護套，結果有些客戶摸不清該禮物的用途，還有一位客戶以為是手套，他向該公司致謝的時候，曾問起手套為何有三隻。

你必須除掉不受公司信任的員工，這種事或許不易處理，但勢在必行，遇到不值得信賴的高績效員工，尤其不能手軟。公司未來的成就不是靠一、兩位高績效員工創造的，而是來自你為整個組織建立的信任風氣。因此，你必須不計一切代價維護企業文化。

外在信任

你的領導作風會影響外界觀感，因此必須贏得顧客、廠商、捐贈者，或投資人的信賴。你在組織裡所做的每件事，也應該以增強、建立、維護他們的信任為重。如果失去他們的信賴，你擁有的一切將化為烏有。

美國商業史上不乏企業損毀顧客信賴的例子，包括：電信業巨擘世界通訊公司（WorldCom）發生會計醜聞、凱瑪百貨（Kmart）不務正業，以及英國石油公司（BP）刊登廣告推銷環保理念，後來卻因為海上鑽油平台爆炸，造成嚴重的墨西哥灣原油汙染事件。

有些公司曾在信譽遭到質疑的情況下，立刻做出明智回應。舉個例子說，1982 年，芝加哥有七位民眾因不慎服用被氰化物汙染的止痛藥泰利諾（Tylenol）而死亡。這並非泰利諾的錯，因為遭到誤食的藥片是在藥廠將它們送到藥店後才被汙染，但警方一直抓不到歹徒，導致民眾歇斯底里，一聽見「泰利諾」三個字便大驚失色。

泰利諾是居市場領先地位的止痛藥，製造商嬌生公司（Johnson & Johnson）非但沒有放棄該品牌，反而竭盡所能重建大眾對泰利諾的信任。嬌生公司除了提醒顧客當心買錯藥之外，還砸下重金收回價值達 1 億美元的藥瓶，並且將已經出售的藥瓶更新，同時和執法官一起辦案，提供數十萬美元獎金捉拿罪犯。另外，嬌生公司自此改變了藥瓶包裝方式，所有可能被動手腳的藥品，一律加封兩、三層包裝。這套策略有效地維護了商譽，讓泰利諾成為依然值得信賴的品牌。

近百年來，某些傑出商界領導人之所以成功，正是因為他們贏得顧客信任。我的另一位導師瑟威爾（Carl Sewell），是德州最成功的汽車經銷商，他撰寫的《終生顧客》（*Customers for Life*）一書也是暢銷經典著作。瑟威

爾在這本書和私生活中都宣揚一個概念：經營事業最重要的元素，是信任而非獲利，「為了實踐我們的經商之道，我們必須讓你相信，世界上還有比金錢更重要的東西。」他說。

諾斯壯百貨是靠「以客為尊」的服務贏得口碑與信賴，該公司員工會用其他店家不會採取的方式盡心盡力協助顧客。史貝克特（Robert Spector）與麥卡西（Patrick McCarthy）在他們合撰的《諾斯壯百貨經營之道》（*The Nordstrom Way*）一書中，提到下面這個故事：有一回，該公司一名售貨員發現某位顧客在店裡購物時，不慎把機票遺落在櫃台上，於是立刻打電話到航空公司，詢問是否可補發機票給那位顧客。對方表示不會補發之後，該售貨員便丟下工作，在一個半小時內趕到機場，然後廣播呼叫那位顧客，終於將機票物歸原主。該售貨員之所以能擅離工作崗位，自行決定採取最適當的行動，是因為諾斯壯百貨相當信任員工，容許他們自由做重要決定。

另一個贏得信任的方法，是為顧客提出有力的承諾。舉例來說，有些公司常透過淘汰過時、破損的產品，以及推陳出新的方式來獲利；有些品牌則是靠提供終生保固建立商譽，顧客也信任這類保證。行李箱製造商圖米公司（Tumi），以及釣具製造商歐維斯公司（Orvis），就是採行後者的兩個實例。

　我聽過這麼一個故事：有位顧客曾打電話請圖米公司修理他的公事包，因為那是他父親在 1992 年送他的禮物，對他有特殊意義，而且他曾發誓要使用一輩子。後來圖米公司二話不說，就把那個又破又舊的公事包修好了。（這位顧客送公事包過來時，不慎將兩枝昂貴的銀製鋼筆留在裡頭，公事包物歸原主後，兩枝鋼筆依然躺在包包裡。）

　假如你弄斷一根歐維斯釣竿，哪怕你是拿它去砸車門碰斷的，該公司照樣會送你一根新的。曾有一位釣竿主人聲稱，他是在防衛響尾蛇攻擊時弄斷釣竿的，歐維斯公司立刻就換了一根給他。還有一名即將離婚的男子表示，他一回到家便發現老婆用鋸子把他所有的釣竿都鋸成了兩截，

這位先生也獲得了一批新釣竿。歐維斯公司從未對以上兩個案例提出任何質疑。

我曾經熱愛釣魚，也經常旅行，所以很重視上述兩個品牌。它們都是透過值得信賴的保證，贏得我和許多顧客的忠誠。我也是因為相信這些保證，才購買他們的產品。

一清如水的慈善事業

如果你的事業帶有慈善性質，那麼保持誠實、透明的作風，就顯得更重要了——公布外來捐款的去向，是贏得捐款人信賴最好的方式。史考特・哈里森（Scott Harrison）經營的水公司，便是個好例子。

史考特在三十五歲以前經歷過不少困境，第一起不幸發生在四歲那年，當時家中一氧化碳外洩，造成他母親免疫系統永久受損，終生癱瘓。因此，史考特大部分的童年時光都在照顧母親。

成長過程中，他簡直就像個「十項全能小孩」，因為父

母是保守的基督徒，要求他在家裡和教會遵守一套嚴格的價值觀。他每天循規蹈矩，除了照顧母親、打掃做飯，還得定期去教會服務。

然而，十八歲那年，「我變得非常叛逆，憤世嫉俗。」因此，留著一頭長髮的史考特加入了某個搖滾樂團，然後搬去紐約，巴望著成名致富。樂團在四個月後便解散了，於是史考特改行經營夜店。接下來十年，他成為紐約最出色的夜店老闆和派對策畫者。

不過，二十八歲的史考特卻自甘墮落，過著放蕩不羈的生活。2004 年某一天，他和美麗的女友躺在烏拉圭潔淨的沙灘喝著香甜的雞尾酒時，幡然覺悟自己早已遠離父母教導的核心價值觀，於是痛定思痛，重新回到神學領域探索信仰和人生，並且對上帝許下了終生為窮人服務的承諾，接著便開始尋找前往非洲擔任志工的機會。

史考特向幾個人道組織提出申請後，只有在世界各地港口救濟貧民的慈善機構「仁愛船」（Mercy Ships）接納了他。他以攝影記者身分前去報到，不久便隨船前往甫結束內戰的貧窮國家利比亞。

兩年後，雖然史考特負債 4 萬美元（將近新台幣 150

萬元），「但我的人生從此改變了，我下定決心奉獻餘生為上帝和窮人服務。不過，我對自己發現的事實感到很沮喪。」當他得知地球上 80％的疾病，都是缺乏乾淨水源和基礎衛生所致，而且全世界有十一億人口無法取得這類基本必需品之後，便決定自創慈善事業。

雖然史考特認識的大多數人，都懷疑一般慈善事業不夠透明化，但史考特認為他可以採取不同的經營模式，來彌補這項缺失。因此，他的創業理念是：敢作敢當，像清水般維持直接、簡單、公開的行事作風。他期望窮人都能獲得潔淨的水源，於是將新成立的慈善事業命名為「善水公司」（charity : water）。

接下來，史考特實施所謂的「百分百模式」，將大眾捐給善水公司的每一塊錢，直接用於各地的水源計畫，以證明該公司確實在推動所有的工作。善水公司也訓練各地夥伴使用衛星定位系統和攝影機，將該公司此刻正在進行的計畫全部上傳至網路，讓每位捐款人能看到他們奉獻的金錢被用來購買哪些東西，目的是創造值得人人信賴的慈善事業品牌。

善水公司成立五年後，已從全世界十多萬名捐款人手中

募得了 2200 萬美元，讓十七個國家的一百萬居民有潔淨的水可用。史考特說：「我們已解決全球 0.01％ 的用水問題，未來十年目標是：到 2020 年時，能幫助一億人口取得乾淨的水。」

「這一切都是贏得信任的結果，民眾知道他們把錢交給我們後，那筆錢一定會老老實實運用在我們推動的事情。」史考特表示。設於紐約的善水公司擁有二十六名員工，而且史考特常在世界各地趴趴走，因此必須負擔某些行政成本，但這些成本都是募集而來，然後由公司統一分配給不同領域，捐錢給該公司的善心人士也都知道捐款的去處。

■　　　■　　　■

我和史考特在 2007 年結識，當時他的善水公司和我的鞋公司仍處於起步階段，但史考特對自己的工作（為窮人提供清水）深具信心，也十分樂觀。他不但鼓勵我全力以赴，預祝我成功，還教導我取得員工和顧客信任的重要性。

我們贏得信任的做法之一是，帶領顧客參加送鞋之旅活動，並邀請他們探訪各地的 TOMS 夥伴，進一步了解他們

我們的韓國分銷商林帝傑（Deejay Lim）抱著幾名南非孩子，由於他把分銷業務經營得有聲有色，南韓已成TOMS規模最大的國際市場之一。

的工作。TOMS 成立早期，是採網路申請方式舉辦這些活動，申請人多達數千名，分別來自各種年齡和背景，因此我們的同行者有八十歲的老奶奶，也有十八歲的大學生。TOMS 至今一共舉辦了五十次的送鞋之旅，隨行者總計兩百人左右。

我們讓有興趣加入的顧客和團體與我們同行，並鼓勵他們把參加活動的照片和影片張貼到網路，使我們得到更多人（包括沒有參加活動、在無意間看到網路影片和照片的顧客）的信任，因為他們認為 TOMS 真的履行了承諾。

我們從創業之初就讓顧客明白，TOMS 並非一般社會慈善事業，而是兼顧「助人」和「獲利」兩大目標的營利事業，而且我們從未向任何人隱瞞這點，因此創造了一種新型社會企業。

贏得信任有訣竅

讀者應該已經了解，贏得信任不僅是商業策略或處事技

巧，也是重要使命。無論你打算創辦某個公司行號、社會企業、非營利事業，還是繼續待在你擁有某種自主權的現有組織中，都有必要明確、定期地陳述你的目標。如果你經常說明公司的目標和行動，員工、顧客和投資人就會相信這家公司的願景，也願意和你一起完成目標。

下面就來看看加強組織內部信任的幾個竅門：

開誠布公與屬下交談

例如，在公開場合給予讚美，私底下才提出批評。但是，提供讚美和批評時，都不宜拐彎抹角。如果某個員工犯了錯，就直接告訴他做得不對，千萬不可向別人透露此事，或假裝事情沒發生，或替對方掩飾過錯。員工的生計都掌握在領導者手中，身為領導人的你若能提出坦白而有建設性的批評，他們比較能夠毫無掛慮地信任你。

你跟員工交談時，應該表露一些情緒，犯不著擺出一張死魚臉。真情流露會讓周遭的人覺得你比較真誠；你表現得愈真誠，他們愈信任你。當然，除了顯露興奮、愉快的情緒之外，也可以適時讓員工看到你的弱點、挫折和痛苦。

給員工自主權

如今愈來愈多企業領導人不是在遙遠的地方工作,就是跟分散於全國或全球的團隊、顧問,和自由工作者共事,因此你必須給他們更多自主權。你愈信任別人,別人也愈信任你。我認為員工擁有多大的自主權(無須在主管緊迫盯人之下執行任務),會直接影響他們對工作的滿意度。

把責任託付給值得信賴的員工,不但能使組織運作更順暢,也能讓你挪出更多時間專心處理更重要的問題。換句話說,你不用事必躬親,只須在某個計畫開始和結束之際參與其事,讓其他同仁也能自由發揮創意,逐步完成計畫。如果你凡事一把抓,等於是向員工擺明:你不信任他們的判斷力,除非你親自上陣參與每個細節,否則他們無法正確完成計畫。這種態度很難讓員工產生自信心。

相信員工實力

我們僱用實習生強納森,就是聽從這項忠告的完美實例。

強納森剛從研究所畢業便加入我們公司，完全沒有處理物流或生產作業的經驗，但我們一眼就看出他聰明可靠，認為他一定能妥善處理我們交辦的任務。如今，他是 TOMS 物流部高級主管，每天負責把數千雙鞋子送達該送的地方，工作表現可圈可點。

有時候，我只要跟旁人提起我們的員工，對方就出現一種反應：認為 TOMS 可以信任員工，是因為我們的員工

信任實習生

實習生也是人，請信任他們。如果你找到合適的實習生，就把他們看成可獨挑大梁的員工，而不是幫你端茶送水的小弟小妹。在大多數公司裡，實習生的工作時間往往是用來端咖啡和影印文件，TOMS 的實習生則是在第一線工作，擔負真正的職責。如果你信任員工，員工報答你的方法是：遵守工作倫理、展現超乎你預期的工作熱情。

很優秀，但他們可沒這麼幸運。不過，他們的問題出在沒有用心花時間僱用合適的員工。如果你多下點功夫物色好員工，一旦他們上任後，你比較可以信任他們，日後也可以為你節省大量時間、免除許多焦慮。很多公司在草創時期的工作重心，都是先設法安插各種職缺，再花一堆時間管理員工。如果你把延攬傑出員工當作第一要務，公司上下也會一起朝這目標努力，你將會因此擁有一批優秀的員工和比較可靠的工作環境。

獲得外界信任的方法有以下幾種：

永遠「以客為尊」

「以客為尊」的服務態度，是以同理心為出發點。如果和顧客發生糾紛，你應該用你希望被對待的方式來對待他們。當顧客有特殊需求時，也要讓他們覺得受到特別待遇。

舉個例子：前不久，有位女士打電話到 TOMS 的一般客服專線，詢問她是否能購買兩隻不同尺碼（一隻六號，另一隻九號半）的鞋子湊成一雙。客服人員告訴她，我們不為顧客量身訂做鞋子，如果她想買兩隻不同大小的鞋，就

得訂購兩雙。兩天後，我們的電子信箱收到那位女士寄來的一封長信。信中提到她有畸形足，所以兩隻腳大小不一，而且很難買到鞋子，因為別家鞋公司也都採取和我們一樣的政策。雖然她了解問題所在，但她的情況是特例。她還解釋，她想擁有一雙 TOMS 剛上市的綁帶靴子，可是這種靴子每雙要價 98 美元。如果必須買鞋，她一次只買得起兩雙 50 美元左右的鞋子。換句話說，她覺得綁帶靴子價錢太貴了。

我們了解情況後，就聯絡倉庫人員，要他們依照這位顧客的腳丫尺寸湊出一雙綁帶靴子，並附贈一雙我們的招牌鞋，讓她在各種場合都有 TOMS 鞋可穿。後來她回信告訴我們，她簡直樂壞了，我們也很高興為這件事做了圓滿的處理。在這過程中，我們已經把一位單純的消費者，變成未來的忠實顧客。

盡量公開財務

如果你是非營利事業創辦人，不妨採取善水公司的做法：公開財務，來取得更多信任。再強調一次，不論你從事何

種行業，公開財務很重要。善水公司的網站附有 Google 地圖，上頭標示了許多定位點，以及該公司業已開鑿的每座水井照片。如果你點閱該網站，就會知道善水公司真的在履行它們的承諾。

很多人對捐錢給非營利組織一事心存疑慮，因為他們不知道自己的捐款被用在什麼地方，或真正的用途是什麼。因此，如果你是非營利事業負責人，最好能向外界人士或某個組織公布營運成本。這樣一來，你獲得的所有捐款才會直接交到你想幫助的人手裡，捐款人也會相信他們的錢是被用來做善事，而且更樂於慷慨解囊。

公開財務也會促使你撙節開支，為你收到的善款負責。如果讓別人知道他們的捐款去向，你也比較不會把捐款花在承租高級辦公室，或提供優渥薪水上頭。

使用自家產品

除非你很滿意自家產品或服務，否則不可能認真向別人推銷它們。信任來自知識——顧客必須了解你的產品和服務，才會對它們產生信任。這也是 TOMS 的員工努力實踐

的信條。

舉例來說，2010年夏天，我在TOMS舉行了楔形高跟鞋發表會之後，曾和某位女士聊了一會兒。她問我，這種鞋子穿起來是否舒服，我說：「很舒服。」她反問：「哦，你怎麼知道？」

其實我一無所知，因為我從來沒穿過三吋楔形高跟鞋。後來我當真穿著它們在辦公室裡走動，員工們都跌破了眼鏡。我連穿了兩天楔形高跟鞋以後的心得是，這種鞋子真是舒服極了──不過，對一個不習慣踩高跟鞋的人來說，它們確實是挺高的。

第七章

樂善好施

> 割捨的愈多，生活愈豐富。
> ——美國企業家兼慈善家戴德曼
> （Bob Dedman）

羅蘭・布希（Lauren Bush）自大學時代就以擔任模特兒和志工為樂，曾獲選擔任聯合國世界糧食計畫名譽發言人，因此有機會前往瓜地馬拉、柬埔寨、斯里蘭卡、坦尚尼亞等國，親眼見證當地居民營養不良、忍受飢餓的後遺症。

然而，她參訪的國家愈多，愈感到無能為力，「我旅行

各地回來以後，總是很想提供協助，卻不知道該做什麼。縱使我想伸出援手，但光憑一個人的力量，又能完成什麼事？」

於是，羅蘭開始研究全世界的飢餓問題，最後得到一個結論：只要為貧窮孩子供應免費午餐，就能改善他們的生活，而且餵飽一名學童每年所須投入的成本相當少，全球各地平均花費只要 20 到 50 美元（約新台幣 700 到 1700元）。

這段時間，羅蘭還是經常旅行，並且注意到各國都在推行重複使用購物袋的運動，讓民眾在購物的同時兼顧環保，減輕環境負擔，於是她也開始響應。

2004 年，二十歲的羅蘭得到一個靈感：打算結合「助人」與「環保」的概念，設計一種既新潮又有意義的商品。換句話說，她想創造一種男女通用、對環境友善的購物袋，每賣出一個袋子，就為開發中國家的一名兒童供應一年的免費學校午餐。

這構想醞釀了很久，直到 2007 年，羅蘭才和正在執行世界糧食計畫的朋友艾莉‧葛絲塔芙蓀（Elle Gustafson）合夥創立她們稱之為「慈善企業」的飽食方案公司（FEED

Projects），隨後便在亞馬遜網站獨家販售 FEED 購物袋，並遵守承諾，每賣出一個袋子，就讓一名孩童獲得一年的免費午餐。這點子深得我心，乍聽之下覺得它像極了TOMS 模式的更新版！

接下來，羅蘭重新設計 FEED 購物袋，並且為每個袋子貼上不同的號碼，代表不同的捐助等級，例如：「FEED 2」意謂每年餵飽兩名盧安達學童，「FEED 100」則表示幫一名學童供應一百份學校午餐。後來，該公司的慈善業務走向多元化，例如：透過聯合國兒童基金會推動營養計畫、在世界各地發起「閱讀書房」（Room to Read）識字專案、成立「食養美國」（FEED USA）平台為美國學童供應更健康的食物，以及製造「衛生背包」（health backpack）資助非洲千禧村（Millennium Villages）的社區衛生工作人員。目前該公司已售出五十餘萬只購物袋，並透過世界糧食計畫提供大量捐款，為全世界供應六千多萬份學校午餐。

儘管做了這麼多善事，飽食方案公司仍維持「營利事業」型態。羅蘭深感自豪的是，這家「非慈善事業」創造了相當高的利潤，可持續接濟窮人。「雖然我們的計畫是餵飽貧窮孩子，但還可以做更多事。我們每天為那些學童供應

午餐，就是在幫助他們受教育。由於很多孩子每天只能吃到這一餐，我們常看到他們把一部分午餐裝進口袋，打算帶回家當晚餐，也可能是拿給尚未入學的弟弟妹妹吃。」

「記得我問過盧安達的一個小女生，她長大以後想做什麼。有時候，你可能不敢問這種問題，因為搞不好會聽到令人鼻酸的答案。不過，我遇到的那名已經在學、也能填飽肚子的小女生，自信又開心地告訴我：『我想當盧安達總統。』」

羅蘭提起這故事的時候，我聽得十分動容。如果一個FEED購物袋就能幫助一個小孩擁有這麼偉大的夢想，那麼羅蘭創辦的公司果真是做了件大善事。羅蘭比我認識的任何朋友更熱愛自己的工作，「我每天醒來的時候都覺得自己能擁有這份工作很幸運。」她說。

雙重利益

飽食方案公司的例子說明，奉獻是好事。這個「好」字

有雙重意義，因為既能助人，又能賺錢。換言之，奉獻是一舉兩得的行為，可同時滿足並結合這兩大需求。目前已有愈來愈多人發現奉獻的好處，因此也打算將奉獻行動納入他們的創業模式。

當初我想創辦 TOMS，純粹是心血來潮的反應，目的在於幫助阿根廷孩童持續獲得免費鞋子；但公司開始營運並主辦了第一次送鞋活動以後，我的人生也隨之改變。過去這些年來，我體會到奉獻不但是件令人開心的事，也可以為事業帶來實質利益。

如果把奉獻行動融入事業和生活，你會看到多得超乎你想像的回報和鼓勵，也會產生許多好結果，例如：世界各地居民因為你伸出援手而改善生活、你的事業因樂善好施而飛黃騰達。

當你把奉獻行動融入商業模式，顧客也會自願成為你的夥伴，主動幫你行銷產品。還記得在機場向我推銷 TOMS 故事的那位女士嗎？TOMS 發生過許多類似的趣事。比方說，俄亥俄州立大學有位女學生因為太愛 TOMS 了，於是在 2009 年的秋天，自行主辦了一場大型「美化心靈」活動，前往當地多所中學教大家認識 TOMS，還用校車送那些中

學生去參加「一日無鞋」徒步活動。

佛羅里達州奧蘭多市的大學高中（University High School）有一名學生，也曾安排一場集會放映我們的紀錄片，還拜託行政人員幫忙宣傳 TOMS 舉辦的活動。為了引起全校師生的注意，該校排球隊的隊員一律光腳繞著體育館走了一圈。如今這所學校的其他球隊在球賽開鑼以前，也會以打赤腳方式散播 TOMS 想傳遞的訊息。

田納西州布蘭伍德市（Brentwood）的瑞文伍德高中（Ravenwood High School）曾有幾位學生舉辦「TOMS 行動畢業舞會」，並從全國各地高中邀集三千兩百多名學生穿著 TOMS 懶人鞋赴會。

發起這項活動的瑞文伍德高中男同學描述：「我們幾個人對 TOMS 做的事一向很熱衷，而且畢業舞會季就要來臨了——這段時間大家都會忙著排演話劇，還會花大錢購物——所以我們認為，如果能把舞會變成更有意義、強調「施比受更有福」的活動，會是件很酷的事。雖然我們學校裡很少人知道 TOMS 這家公司和它們的使命，但我們幾個人都參加過 TOMS 的活動，於是就決定把實踐『賣一捐一』的計畫變成全校性的行動，並且打算利用畢業舞會來

鼓吹這個使命，然後捐出幾百雙童鞋。後來，這點子散播的速度比我們預期得快，除了我們學校以外，還從美國東岸傳到中西部學校，而且已經有三十五所學校確定會出席舞會了。」

如今，穿TOMS懶人鞋參加畢業舞會已成為全國性活動，每年這些活動都會贈送數萬名兒童每人一雙新鞋。

「鞋達人」尚恩

　　尚恩是TOMS的創始成員之一，也是一位「鞋達人」。他從事鞋業以前，曾是鐵人三項運動熱愛者，而且只有在體育用品店工作才能保持運動習慣，所以他一直在那些地方打工。

　　後來，尚恩在耐吉公司（Nike）找到了一份全職工作；事實上，他在相關行業做過幾份差事後，就跟一位朋友共同創辦了一家溜冰鞋公司：二魚鞋坊（2‧fish）。然而好景不常，那家公司後來倒閉了，於是尚恩決定

自立門戶，擔任鞋業顧問。

尚恩與我初識於 2006 年，當時《洛杉磯時報》刊登了 TOMS 的相關報導，我們亟須盡快取得外界協助。

以下是尚恩的自述：

我和布雷克一見如故，當時我心想：好啊，他的工作也跟鞋子有關，「賣一捐一」這點子似乎挺有意思。雖然我看不出它是否可行，但布雷克還是說動我提供協助。那是 2006 年 7 月的事，到了 10 月，TOMS 就賣掉了一萬雙鞋，而且正在籌備第一次的送鞋活動。那年我結婚正好滿九週年，所以想帶著老婆去旅行，認為這會是一份很棒的禮物。

送鞋活動結束後，我才明白這趟旅行不只是一份好禮物，也改變了我的人生。我們抵達第一站時，有位經營孤兒院的女士告訴我，鞋子是她最需要的東西，如果沒鞋子可穿，院童根本無法上學，我邊聽邊哭。事實上，那次旅行我至少哭了三回。

我和我老婆夏儂都很感動，因為我們即將改變很多人的生活，那也是布雷克努力號召許多員工參與送鞋活動的理由，每一位參加者回來以後都變了個人，這就是 TOMS 的工作與眾不同之處。無論日子有多辛苦、顧客有多刁蠻，你都會抬頭挺胸深吸一口氣說：「我不在乎吃苦，我正在發揮影響力，我要去幫當地小孩穿鞋子，我看到他們臉上的淚水，也看到他們母親的笑容，我改變了現狀。」

　　因此，我和我老婆決定，下回也要帶著我們的一雙兒女去瞧瞧當地的生活，好讓他們了解擁有物質享受不代表擁有一切，豪宅和大車沒那麼重要。於是，2008 年 1 月，我們全家人一同前往阿根廷參加另一次的送鞋活動。我家兩個孩子不但對這件事留下了深刻印象，而且我敢說他們一定很以我為榮。後來，他們也加入我的行列一起行善，這情況以前從未發生過，我為此感到非常開心。

　　奉獻行動能帶來很大的回報——對於受惠者和你自

己都是如此。它能幫助你度過不順遂的日子，使你樂於談論和熱愛自己的工作。我剛到 TOMS 上班那段時間，對公司不敢抱太大期望，因為我見過太多領導人雖會說幾句激勵人心的話，卻不會付諸行動，因此我以為我的工作再也無法振奮我，現在我覺得深受鼓舞。

我們曾經跟元素滑板公司合作生產限量版懶人鞋和「賣一捐一」滑板。本圖攝於在南非德爾班港（Durban）郊區舉辦的靛青滑板營（Indigo Skate Camp）。

如果你樂善好施，顧客也會更關心你的工作。2010年美國超級盃美式足球賽舉辦期間，百事可樂曾採取一項令人驚喜的行動。一直以來，百事可樂與可口可樂這兩家飲料大廠，總是不惜斥資在電視上播映精彩廣告互別苗頭，不過這回百事可樂選擇抽掉廣告，將省下的2000萬美元廣告費，拿來在網路上成立「百事更新計畫」（Pepsi Refresh Project），資助為了打造美好未來而提出最佳構想的人。

百事可樂認為，這項網路活動可幫助有理想和抱負的人，孕育各式各樣開創重要事業或慈善活動的好點子，該公司也可以藉此扮演重要推手，協助他人成立新公司、創造新歷史，還可以促進百事可樂與這些新創公司的顧客建立牢不可破的關係。

如果你把奉獻行動融入事業，不僅能創造忠誠的顧客，也能吸引並留住優秀的人才。常有人告訴我們，TOMS擁有一群十分出色的員工，這是事實。我們不但吸引了渴望與TOMS共同創造故事的傑出人才，這些員工也一直留在公司。過去幾年來，TOMS只有少數員工離職，而且從企業界招募到一些頂尖人才，他們都選擇放棄《財星》雜誌五百大企業的高階工作，為了和我們一起發揮影響力而加

入 TOMS。

勤業會計事務所（Deloitte）發表過一份企業參與社區事務現況調查，根據該調查統計，72％的就業美國人表示，若要他們在地點、職務、薪水、福利相仿的兩份工作之間做取捨，他們比較願意為支持慈善活動的企業效命。孔恩傳播公司（Cone Communications）在 2002 年所做的一項研究也發現，77％的記者表示，他們決定投效何方的重要考量因素之一，是未來東家對社會事務的參與度。

我不斷看到一個現象：當員工認為他們可以一起行善助人，辦公室的士氣就會很高昂，而不會形成勾心鬥角的歪風。這種情況可創造良好工作環境，也有助於吸引和留住忠誠員工。

分享光環

企業樂善好施，不但容易引來優秀的員工，也能吸引優秀的合夥人。獨立創業畢竟大不易，如果你能找到願意把

個人的聲望、專長，甚至資源分享給你的合夥人，就能受益無窮。你很快會發現，許多企業也想跟其他樂善好施的企業合作。這些企業會因為推崇你的奉獻目標，而協助你打下成功根基。

TOMS 成立頭一年就吸引了不少各行各業的夥伴，例如：我們與微軟和美國線上公司（AOL）合辦過「一日無鞋」活動，天衣創意 T 恤公司（Threadless）也參加過我們的「一日無鞋」T 恤設計大賽；TOMS 曾經透過臉書舉辦假日活動，並且利用 YouTube 宣揚我們的故事；另外，《青少年時尚》雜誌也舉辦過「彩繪鞋子」比賽——以上只是與我們合作過的幾家企業而已，其他合夥人包括：掘客新聞網站的羅斯（見第四章）、善水公司的史考特（見第六章），以及元素滑板公司（Element）的席勒瑞夫（Johnny Schillereff）。

大企業往往很少提出可獲大眾共鳴的計畫——它們的計畫看起來多半像逃稅伎倆或公關噱頭。不過，如果它們跟規模較小的公司，或者擁有較多實務經驗的非營利事業合作，即可讓民眾進一步了解它們為了維護品牌所做的努力，也能提振員工士氣。

企業之間相互需要，是雙方建立良好合作關係的基礎。舉例來說，賽克斯第五街時尚百貨公司（Saks Fifth Avenue）義賣手環和 T 恤，為善水公司募集了 30 萬美元。此舉不僅幫了善水公司一個大忙，也有助提升賽克斯的公司形象，讓賽克斯員工產生極大的工作熱忱。

　　蓋璞服飾也和飽食方案公司合夥製造三種肩袋：每賣出一個袋子，就捐 5 美元給免費午餐計畫，袋上還附有「捐贈者之選」網路公司的編號，銷售所得全數捐給購買者挑選的學校。

　　另外一個例子是：《好事》（GOOD）雜誌——「專為想過好生活，也想做善事的人提供的媒體平台」——與星巴克咖啡店合作繪製視訊表「好事圖」（GOOD Sheet），以強調教育、醫療、碳排放等熱門議題。

　　再舉一例：百事可樂旗下洋芋片製造商北美樂事公司（Frito-Lay North America）與大地回收公司（見第四章）合作，打算將使用過的樂事食品包裝袋，回收再製成優良產品。該計畫鼓勵消費者和地方社區團體收集使用過的包裝袋來換錢，以免那些塑膠袋流入垃圾掩埋場。該計畫不但讓大地回收公司達到垃圾減量目標，也讓樂事公司增加

了收益。

TOMS 不是科技公司，所以必須借重別家公司的科技。同樣道理，大企業的核心能力不在於推動慈善活動，所以必須跟肩負這類使命的組織合作，這種安排能使雙方互蒙其利——更重要的是，兩者都可以做更多善事。

以 TOMS 的情況來看，更是如此。雖然送鞋活動是我們的基本任務，但目前 TOMS 的全球送鞋活動，一概透過在各地社區扎下深厚根基的人道組織來完成。它們除了為當地兒童提供全面性的服務——照顧健康、推廣教育、供應清水等，還會把 TOMS 的送鞋活動納入服務計畫，讓我們發揮更大的影響力。它們也會持續參與這些活動，協助我們在當地孩子的成長過程中，不斷為他們供應鞋子。

新商業模式

將奉獻行動融入商業模式雖是個雙贏策略，但未必人人贊同。許多著名經濟學家和經營大師都發表過反對企業奉

獻的理論，例如一言九鼎的美國經濟學家傅利曼¹常被引用的一句話是：企業唯一的社會責任是增加獲利，僅此而已。

這種觀念曾在二十世紀中葉大行其道，現在早就不合時宜了，社會和經濟要務也已經不分彼此、並行不悖。企業界了解到，如果它們唯利是圖，就得承擔遭到顧客與事業夥伴唾棄的風險。它們也知道，假如它們想吸引最佳人才，就必須努力發揮正面的社會影響力。前文提過的孔恩傳播公司在2006年的一項研究指出，80％的記者表示，他們想為熱心參與社會事務的企業工作。2008年史丹福大學商學院的一份研究也發現，97％的受訪學生寧願捨棄金錢利益，選擇為履行社會責任的知名企業效勞。

大多數的大企業——從保德信人壽（Prudential）到

---

1 譯註：Milton Friedman，1976年榮獲諾貝爾經濟學獎。二十世紀最具影響力的經濟學家，主張自由放任的市場經濟，反對政府干預，為貨幣供給理論大師，長期任教於芝加哥大學並領導「芝加哥學派」。著作有《資本主義與自由》（*Capitalism and Freedom*）、《選擇的自由》（*Free to Choose*）等。

IBM、從 3M 到西爾斯百貨（Sears）──也會實施各種社區回饋計畫，例如：蘋果公司為學校捐贈數百台電腦，既可以輔助教學，又能為蘋果產品創造市場。美國運通銀行（American Express）為某些中學的觀光旅遊學會提供經費，其結果是：接受該學會旅遊服務訓練的人愈多，使用美國運通卡旅行的人也就愈多。家得寶居家修繕用品公司與非營利兒童服務組織 KaBOOM! 合作，花了一千個工作天打造一千座遊樂場，並設法動員近十萬名自家員工擔任志工，投入的資金高達 2500 萬美元。克羅格超市（Kroger）為各地非營利組織提供折扣卡，讓持卡人以九五折的零售價採買雜貨，那些非營利組織也可以出售這些折扣卡來賺取價差。

還有一些公司曾經實施過鼓勵員工行善的計畫──這麼做也能提高顧客忠誠度。比方說，天柏嵐鞋公司（Timberland）給全職員工放一星期公假，讓他們完成公司推動的「服務之路」（Path of Service）方案；每位得到公假的員工，可任意挑選想參與的方案，而且照領週薪。其結果是：員工留任率很高。

融入奉獻行動

雖然我極力建議創業者將奉獻行動融入本業,但並不贊成你為了發揮影響力而刻意創業。有時候,主動為現有公司奉獻的優秀人才也能創造影響力。企管顧問桑德斯(Tim Sanders)出過一本暢銷書《在職場拯救世界》(*Saving the World at Work*),其中描述了加拿大帝國商業銀行(CIBC)善心員工的故事。

1997年,該銀行在亞伯達省首府埃德蒙頓(Edmonton)分行的社區關係小組,曾簽約贊助加拿大乳癌基金會的治療基金年度募款活動。雖然這項計畫提供的贊助金額不算高,但很鼓勵帝國商銀員工以協助募款或提供捐款的方式參與該計畫。

接下來三年,從埃德蒙頓到多倫多分行的數百位出納員,決定自掏腰包慨然樂捐。他們還報名參加募款活動,在各分行所在地組成團隊張貼海報,策畫募集更多捐款,並且穿戴加拿大乳癌基金會分發的 T 恤和粉紅領結,參與公司

的倡導活動。

到了 2001 年，帝國商銀已有數千位員工加入活動，因此高階主管責成品牌行銷小組研究此項贊助行動的影響。該研究得到的數據指出，此舉使帝國商銀大受顧客（尤其是女性）歡迎，另一個附帶好處是，留職員工大增。

銀行主管得悉這些努力和成果之後，便重新將該計畫列為公司重要策略，並將主事單位從社區事務部轉移到權力大、經費多的品牌行銷部，另外又核准了 300 萬美元贊助費，打算透過電視、印刷和網路廣告擴大募捐活動。如今，該活動已成為北美規模最大的乳癌治療經費募款盛事，也是加拿大帝國商銀的員工集合眾人之力，協助公司回饋社區所帶來的成果。2010 年，他們的募款金額寫下 3300 萬美元的紀錄。

即使你不打算開創重要事業，依然可從小處著手，為個人工作融入某個奉獻行動。無論你是什麼人、從事什麼工作，都不要吝於奉獻。現在就開始行動，先從幫助別人（任何人都好）、完成簡單的事做起，沒有必要馬上跑去創業，或展開重大計畫，只要先改變心態就夠了，但也必須思考你該怎麼做，才能進行有意義的改變。

我在十九歲時就成立第一家公司，但早期創辦的幾家公司經營的業務，以及我打發閒暇的活動，都跟慈善或奉獻扯不上關係，因為那時我還沒有助人觀念。當我開始了解「我應該」和「我可以」做什麼以後，我的生活就有了一百八十度大轉變。於是，我做了一個人生抉擇，也改變了我和世界互動的模式。我剛創業的時候，很難做出奉獻的決定，總認為可以等到事業成熟以後才開始行善。但是，要有奉獻的決心，你才會督促自我早日向前邁進；如果你等了很久才展開行動，就得不到本章提到的諸多好處了。現在我很高興我做了奉獻的決定。

真心付出

請不要等到事業有成才努力奉獻，如果你真心想付出，就設法將奉獻行動融入你打算創辦的事業。以下幾個方法可幫助你劍及履及：

不只是捐錢

　　錢是好東西，也是必需品。但除了捐錢之外，還有很多奉獻途徑。我從來不會貶低金錢的重要性，但也要提醒你：你奉獻得愈多，成就感會愈高，奉獻行動在你的生活中所占分量也會愈大。如果只是捐錢，你往往會不知道那些錢的去向，也很少能看到捐款的結果。

善用個人專長

　　每個人都具備某種可奉獻給別人的才華。假如你是牙醫，就可以為經濟困難的家庭提供免費洗牙服務；如果你是作家，不妨替某個非營利組織撰寫廣告宣傳文案。舉例來說，善水公司創辦人史考特曾與多位富有的客戶合作，幫該公司募集了數十萬美元，因為他是那些客戶的會計師，對他們每年歲末能捐出多少錢瞭若指掌。

TOMS 的辦公室戀人莎拉和喬丹（Sara and Jordan Maslyn）在結婚當天相吻。

廣結善緣

盡可能透過行銷、度假、公關、約會等活動，多讓別人了解你做的善事，這樣你很快會發現身邊還有一群志同道合者。TOMS 曾在情人節收到下面這封信，信中提到 TOMS 促成了一段好姻緣，我們立刻把這故事登在 TOMS 的部落格上：

去年夏天，我們全家人前往維吉尼亞州度假（我們住加州），某天和我那個性十分開朗、留了鬍子又刺青、擔任網頁設計師的二十二歲兒子，一同在威廉斯堡（Williamsburg）一家充滿懷舊氣氛的小餐館享用漢堡。正吃得高興時，突然有位女孩走過來（我暗自竊喜）告訴我們家兒子：「我朋友要我把她的電話號碼交給你。」

我心想，太棒了！有個可愛又時髦的二十歲小妞，認為我們家兒子很正點……不過，她之所以被「電到」，是因為他穿了雙 TOMS 懶人鞋！那小妞覺得我們家兒子是個陽光型男，不想錯過認識他的好機會！後來，我們家兒子打

電話給她，兩人立即展開跨州約會。他們的約會一度中斷了六星期，因為我們家兒子跑去肯亞幫助孤兒。不過，現在他們即將在維吉尼亞州舉行婚禮了，而且希望參加婚禮的每個人（新郎、新娘、來賓、花童——爸媽？？？）都穿著 TOMS 懶人鞋赴宴！

設想周到的奉獻技巧

奉獻固然是善行義舉，但如果你想發揮真正的影響力，還必須為奉獻行動負責。TOMS 現任奉獻長甘蒂絲，以及奉獻總監潔西卡・秀托（Jessica Shortall）都深諳此道，她們提供了以下幾個設想周到的奉獻技巧：

一、隨時傾聽你想幫助的對象和組織的想法。換句話說，不要根據你的需求提供協助，而要考慮對方有哪些需求。你應該依照別人的需求，而不是你想施捨的項目，來設計產品、提供服務、捐贈金錢，或擔任志工。要隨時傾聽，不斷學習。

二、避免讓受援者承擔隱性成本，並事先了解你提供的捐贈，必須負擔多少總成本，如果你有能力的話，就盡量自行吸收。比方說，假定你打算捐贈鞋子給某些慈善機構，就要考慮到它們是否會因為你的好意而囤積了一堆沒人要的鞋子，有些組織甚至得支付交通運輸（包括：卡車、汽車，甚至驢子等交通工具）、臨時倉儲、志工餐飲等費用。如果你想撥時間當志工，也應該了解你打算服務的組織有哪些財務負擔，這類成本可能包括駐地、交通、食物或時間成本。

三、盡量對你贈與的東西減少設限（當然是在你的職權範圍內），如果你認為某些慈善組織靠得住，就相信它們一定會竭盡所能地有效運用你貢獻的資源。

四、在贈與時只要求對方提出簡單、直接的報告。TOMS 的工作人員從不要求送鞋活動的夥伴，把收到贈品的每個孩子的照片或名單寄給我們，因為他們有太多事情要忙，沒辦法耗一整天拍照！詢問你的慈善行動夥伴，你必須提供哪些捐贈者相關資訊，以便為這

些夥伴節省編寫、發表報告的時間，同時也應當確認你取得了自己所需的重要資訊。

五、不斷尋求回饋意見以改善贈與方式。消除貧窮、醫療措施、氣候變遷、災難救助，都是不易解決的問題，沒有人在第一次嘗試處理問題時，就能做到十全十美。多徵詢別人的意見，以便了解你奉獻時間、金錢或資源的方式可行與否，並隨時傾聽受惠者的想法，不要害怕改弦易轍。

行善要趁早

從現在就開始行善，可使你終生獲益。老一輩的人都習慣等到六十五歲退休以後，才考慮為別人奉獻。如果你從現在起一直奉獻到六十五歲，你給別人的幫助會更多。只要設法把奉獻當作事業（或創意、專業，甚至是現有工作）的重心，你就無須等到不確定的將來，再為自己最欣賞的

慈善機構努力奉獻，而能在年歲漸增的每一天，做你認為最有意義的事。

簡化事情

如果你只看到世界面臨種種可怕的問題，可能會充滿無力感，因此應該把事情簡化，一次只解決一個問題，甚至只幫助一個人。舉例來說，Kiva.org 是個提供小額貸款的網站，主旨在協助銀行貸款給有特殊需求者，例如想買一頭羊做小本生意的烏干達人。你可以資助那位烏甘達人繼續經營他的小本生意，而且總有一天能收回你借出去的錢。只改善一個人的生活，自己也能得到莫大的福報。

施比受更有福

你應該抱著無私的態度幫助別人。舉例來說，善水公司創辦人曾發起一項慶生活動，要求參加者不送禮物，也不

開派對，而是請同輩捐款給善水公司，結果將活動辦得有聲有色。某些交遊廣闊的人物（例如行銷大師高汀）參加這類活動時，能在一天之內募得高達 5 萬美元的捐款（並非因為他年紀大，而是因為他朋友多）。

傾聽受惠者心聲

　　無論你奉獻的是金錢、時間，還是鞋子，在第一線工作的員工和組織，會比較清楚如何有效運用這些資源。你應該提出疑問、認真傾聽，然後針對受惠者的需求，調整你贈送的物品，讓這份贈禮發揮更大效益。

第八章

再次叮嚀

全心全意為他人服務，是認識自我最好的途徑。

——甘地

我想跟讀者分享以下這一封長信，寄件者是慈善組織 OneShot（意為「一劑」）的年輕創辦人艾群漢（Tyler Eltringham），該組織在美洲和非洲協助當地人接種腦炎疫苗。

親愛的布雷克：

　　我是亞利桑那州立大學學生，新生入學的幾個月前，我的一位好友給我看過她的TOMS鞋，還向我說明「賣一捐一」的概念。雖然我覺得那種鞋不算好看，但還是願意多買幾雙，也開始喜歡上它們，因為我知道每一雙TOMS鞋可以幫助其他地方的某一個小孩！

　　我擁有第一雙黑色帆布鞋的頭兩個月，每天都穿在腳上，朋友們告訴我，那雙鞋簡直就像我的第二層皮了。大一下學期，我買了另一雙帆布鞋，當作「慶祝自己又順利度過一學期」的賀禮。現在，我每學期都沿襲這個慣例再添購一雙。

　　交代一下我的背景：我五歲時，父母就離異了；我媽帶著我打包好行李以後，就從賓州搬到亞利桑那州展開新生活。在成長過程中，我總是要求自己扮演領導角色，小時候曾在我家後院對著幾隻填充動物布偶發號施令，率領它們轟轟烈烈地打一仗；長大後，就在學生會爭取表現機會，所以我的人生經歷跟傳統大學生不一樣。

　　我媽一直是我的知己。讀高中時，她得了嚴重的胰臟炎

和癲癇症，繼父不得不辭去工作全天照顧她，所以家裡經濟拮据。我們跟貧窮日子奮戰了三年，不時發生無家可歸的慘劇，但我媽始終沒有放棄希望，認為我總有出人頭地的一天。她曾經一連幾個星期沒吃止痛藥，為的是能攢下足夠的錢，好讓我擁有一個愉快的聖誕節，她那無私的精神至今依然令我感激涕零。

她病情惡化後，我就從高中休學並參加同等學力測驗，巴不得自己快點長大成人，有能力像父母養育我那樣奉養他們。令人氣憤的是，我媽換了一個又一個醫生，因為誰都不想治好她的病，這件事促使我踏出了人生的下一步。

在嘗試申請了幾家學校後，我意外地拿到歐巴馬總統獎學金，如願進入亞利桑那州立大學（簡稱亞大）就讀醫學院。我想接受跨學科訓練，所以也選修了地理系的課程，而且對社區事務產生濃厚興趣，認識許多了不起的人物，還參與幾個很棒的組織，曾經擔任地理榮譽學會會長，獲得提爾曼（Pat Tillman）獎學金，並加入亞大的創業與創新社團。

有一天，我看到學校即將舉辦「創新挑戰」活動的訊息，這項競賽對象是想替某些重要構想尋求種子基金的學生。

我坐在布告欄邊思考了一會兒，然後換了個姿勢盤起雙腿，接著就低頭看到我腳上穿的 TOMS 懶人鞋，於是突然想到：「賣一捐一……這種行動創造那麼多的成就，我有沒有可能把我對健康和醫學的興趣，跟『賣一捐一』的行動相結合？」

當時，我完全不知道接下來該怎麼做，但我想起剛搬進大一宿舍時聽到的一種疾病：流行性腦脊髓膜炎，於是就有了點子。流行性腦脊髓膜炎是一種細菌性感染疾病，每年大約奪走兩千六百條美國人的生命，不過這種病比較常見於非洲，據稱非洲十四個相鄰國家有超過七萬五千件疑似病例，因此這些國家形成了一個所謂的「腦膜炎帶」，是全世界最大的腦膜炎疫情匯集地。

這種傳染病會導致患者的腦膜和脊髓膜發炎，引起發燒、頭痛、頸部僵硬等症狀。若不馬上接受治療，病人可能在短短兩天內死亡，就算發病早期獲得醫療照顧，仍有 20% 的病患喪命。發病後的倖存者當中，20% 以上會留下終生後遺症，例如失聰、失明、學習障礙，或神經系統受損。

全世界都出現過它的蹤跡，就連距離非洲腦膜炎帶七千四百英里的美國也不例外。這種病很容易在封閉空間

（例如大學宿舍和其他住處）傳播，堪稱美國最安靜、最要命的劊子手，而且常在大學校園出現。但它也是一種完全可用疫苗預防的疾病。

我的構想很簡單：美國大學生需要注射疫苗，非洲腦膜炎帶的居民也需要打預防針，如果我能設法說服同儕接種疫苗，同時也為腦膜炎帶提供疫苗……這構想說不定真的可行！

因此，我打算成立一個非營利組織：OneShot，為住在大學宿舍和其他校舍的學生供應疫苗，同時為全世界處理相關的疾病問題。OneShot 在美國境內每施打一劑疫苗，就捐贈一劑給非洲腦膜炎帶。

我讀行銷學時了解到一件事：消費者買的不只是產品，而是買解決辦法。因此，我想把 TOMS 的「賣一捐一」模式，應用在預防醫學和流行病學領域，為某個全球性的挑戰，創造一個地方性的解決之道。

我從來不認為自己是創業家，只是下定決心在生涯發展過程中發揮一些影響力而已。做這個決定時，我不過是個醫學院預科生罷了！創辦 OneShot 可不像去公園散步那麼輕鬆，雖然我們憑著一些奇想和大量熱情勇往直前，但是

要獲得重要人物的信任談何容易。我們必須讓別人相信，我們是一群渴望拯救世界的大學生。OneShot 的辦事員當中，只有一位具商學背景。因此，不管是擬定營運計畫和提案、思考容易令人信服的故事，還是向外界證明我們的理念可長期推動且能獲得資助，對我們來說都是挑戰。

但我們沒有打退堂鼓。參加亞大的創新挑戰大賽時，我們絞盡腦汁在一群來自全國的專業裁判面前展現實力。我幸運地得到莫科瓦（Michael Mokwa）醫師和林克（Denise Link）醫師兩位導師的協助，以及湯普森（Steve Thompson）和霍克（Gail Hock）兩位高人的指點，還有一群熱心同儕（他們恰好都是我最要好的朋友）——佛拉姆（Corey Frahm）、懷特賽兒（Ginger Whitesell）、普洛爾（Geoff Prall）、李思（Tyler Liss），以及魏慕樂（Amy Weihmuller）——的支持，終於為 OneShot 抱回了 1 萬美元獎金！

現在我們知道，如果我們能讓企業界的專業人士相信我們的構想值得投資，那麼這構想也值得我們為它投入時間——而且我們真的這麼做了。OneShot 獲得企業認可後，機會就跟著找上門來。許多組織突然跟我們聯繫，想協助

我們創業。我們不但獲得全校支持，亞利桑那州的疫苗贊助團體也力挺我們，就連美國疾病控制及預防中心等機構，也都對我們的構想感興趣。

直到今天，OneShot 依然得像傳統新創事業一樣艱苦奮鬥。雖然我和其他團隊成員都是全職學生，必須打工才付得起帳單，不過大家始終把 OneShot 擺在第一位。最近我們正在為第一批疫苗籌措運費，打算為 2011 年秋季搬進學校宿舍的新生注射，預估會有超過一千兩百名新生受惠。另外，我們也跟亞大、護理保健創新大學（College of Nursing and Health Innovation），以及梅里科帕郡（Maricopa County）公共衛生部合作，以確保順利完成疫苗接種工作，但願我們安排這項活動所投入的一切努力不會白費。

理想情況是，OneShot 最後能被某個規模較大、資源較多的企業收購，屆時我們就可以轉型，不再是注射腦膜炎疫苗的慈善事業，而是採取「賣一捐一」模式提供各種疾病預防疫苗的商業公司。

說實話，我們很擔心自己努力了老半天，卻無法預知這個事業是否能長期運作。儘管每個人都有這種疑慮，也老是提心吊膽，但無論結果如何，OneShot 已經讓我們的團

隊學到很多教訓，也得到無法度量的回報。這個經驗徹底改變了我的人生：我不再只是一名醫學院預科生，我對助人產生了極大的熱忱，也渴望看到 OneShot 邁向成功並留下成果，為許多不曾獲得協助的社區伸出援手。

布雷克，謝謝你帶給我啟發，讓我能夠從事拯救世界的工作。

常有人問我，我在 TOMS 的工作目標是什麼？其實這些年來，我的目標一直在變，最初是想成立一家營利事業，幫助世界各地貧童解決沒鞋子可穿的痛苦，後來實踐這目標就成為我和 TOMS 每位成員的重要工作動力。

不過，近來我的態度轉變了。現在我會說我的目標是：影響別人走向世界，發揮正面影響力，以及鼓勵別人開創志業，不管是營利事業或非營利組織都好。我深深覺得，我應該分享我們在 TOMS 學到的一切，盡可能幫助許多人創業，這也是本章開頭那封艾群漢寫的長信令我大受感動的原因。事實上，能聽到這些年輕人的故事，最教我開心不過了。

艾群漢只是許多勇於追夢、跨出重要第一步的年輕人之

一，他把心中的理想化為實際的行動。有些人總是告訴我，他們想做某件事情，或想完成某個目標，卻沒有信心展開行動。還有人提到，他們不像我創辦 TOMS 那樣擁有偉大的創業夢想。

我提醒他們，成立 TOMS 這件事，起初也只是我寫在日記裡的一個想法而已。我在第五章說過，要從簡單的事做起，不要擔心事業愈做愈大。你今天看到的每一家大企業，都是從小公司起家的。

史考特因為做過「仁愛船」志工，才有了創辦善水公司的念頭。羅蘭擔任過世界糧食計畫發言人和志工以後，就改變了自己的人生和世界各地兒童的生活，並且創辦了飽食方案公司。

你不須擁有雄厚的財力、複雜的計畫，或豐富的經驗，就可以開始創業。先成立某個小事業，它可能一直維持小規模（這倒是無妨），也可能逐步擴充。我就從來沒想過 TOMS 會占據我全部生活，剛開始只是把它當作副業罷了。

請牢記本書開頭引用的詩文最後幾句話：

明知人生只有一回卻怡然自得，

因為你已不虛此行——

這就是成功。

　　你沒有必要從一開始就抱著拯救世界的目標去創業，或者有樣學樣，跑去成立戰地哨，或發明 FEED 購物袋。無論你做什麼事，只要能幫助一個人，就是件了不起的功德。如果有人寫信告訴我，他因為做了件小事而幫助了兩個可憐的孩子，我會覺得那件事意義非凡。

　　第一步最重要，動手做就對了！如果你腦海裡有個或許能幫助幾十萬人的好點子，你會怎麼辦？應該採取行動。你想到的點子可能只能幫助幾個人，那你還是應該照我的話去做。若不付諸行動，肯定會錯過成就大事、幫助他人的好機會。

　　有位仁兄曾經告訴我，他保持健康的祕訣，是繫上他的鞋帶。意思就是，他穿上球鞋並且認真綁好鞋帶後，就會出門跑步。只要常跑步，必能永保健康。你也可以應用同樣的哲學。只要穿上鞋子，就能踏出旅程的第一步，接著還要綁好你的鞋帶。先跨出簡單的第一步，並不表示這一步無法走得長、走得遠。

踏出第一步，非但沒有你想像得困難，還可能把你的人生變得多彩多姿。一旦開始助人，你就會發現這種變化——會讓心情比較輕鬆愉快、更有目標感。這不是我一廂情願的想法，因為我曾目睹這樣的狀況一再發生。

如果你覺得我沒把話說清楚，那我再告訴你，我堅決相信每個人在有生之年，都有能力把世界變得更好。我也認為我們天生具備互助合作、改善他人生活的能力，就像你我都有五種感官能力一樣。換言之，這本書的每一位讀者都有改造世界的潛力。因此，當你讀完本書後，我想請你花點時間，寫下你曾經想到的計畫。請反覆思量那些構想，趁這個機會把它們寫在日記裡，或者打電話給親朋好友討論一番。大膽說出你的想法，相信你有能力實現它，告訴自己，你不打算讓它無疾而終。

接下來，我希望你採取下一步：開創重要事業。

我認為，本書最大的成就，不是靠它賣了多少本來衡量，而要看它帶給多少人啟發、我們收到多少回信來判斷。因此，請把你的故事張貼到以下網站：www.startsomethingthatmatters.com 供我拜讀。

期待聽到你的回音。

把握當下的布雷克

第一章：TOMS 的緣起

　　TOMS 鞋公司創辦人布雷克在本章敘述其創業構想，並說明該公司的商業模式：「顧客每買一雙鞋，TOMS 就捐一雙新鞋給一名有需要的孩童，賣一捐一。」TOMS 得以不斷成長的主因，是該公司履行了奉獻承諾。這種做法吸引了顧客、激勵了員工、引起了媒體關注，也感染了期望

回饋社會的合夥人。布雷克接著提到六個協助 TOMS 大展鴻圖的元素，這六大準則——發掘故事、面對恐懼、隨機應變、簡單至上、贏得信任、樂善好施——即為後續六章的主題。

<h2 style="text-align:center">問　題　討　論</h2>

一、TOMS 如何吸引顧客、員工、商業夥伴和媒體？

二、TOMS 的獨到之處，在於它是一家積極將奉獻行動融入商業模式的「營利」事業。你能想到其他奉獻型企業的例子嗎？這些企業和 TOMS 有哪些異同？

三、為什麼像 TOMS 這種「營利」事業，會比其他「非營利」事業更能有效達成慈善目標？「營利」事業如何才能享有比「非營利」事業更大的自由？

四、奉獻型企業還能解決哪些全球性的問題？政府及非營利組織處理這些問題之際，遇到了哪些障礙？

五、十年、二十年，或五十年前，像 TOMS 這樣的奉獻型企業是否會成功？消費文化出現了何種轉變，才促成 TOMS 的商業模式不但可行且能獲利？

行　動　建　議

一、將社會需求與企業品牌結合。花一個下午的時間，在你居住的社區走一趟或開車繞一圈，先發掘五種尚未被滿足的社會需求（例如遊民、垃圾，或大眾運輸問題），然後舉出五種可應付這些挑戰的產品或服務。

二、你有什麼產品？布雷克認為，阿根廷懶人鞋雖是外國產品，但具有成為美國商品的潛力。設法找出幾樣你認為不可能變成商品的私人物品，然後思考：若想把這些產品賣出去，須進行何種改造？

三、它有什麼故事？利用一、兩天的時間，想想你（以顧客、員工，或路人身分）接觸過的各家公司，然後自問：該公司有什麼故事？它們如何傳播企業故事？是否錯過了說故事的機會？

第二章：發掘故事

　　直敘式廣告——福特卡車最耐用、冠潔牙膏讓牙齒更潔白——的效力已不若以往，就算事實證明某個產品真的比較好，也可能引不起顧客及客戶的共鳴，除非該產品包含了某個故事。布雷克認為，扣人心弦、意義非凡的企業故事，可立即凸顯品牌個性，也能吸引顧客：如果顧客覺得這故事很動聽，就不會隨意在競爭品牌之間做選擇，而會透過有意義的方式，把購物選擇變成造福他人的行為，也會因為購買某項產品，而成為某個企業故事的一部分，這對企業和顧客來說都有好處。TOMS 鞋公司的創業基礎，是它們為窮人奉獻的故事。第二章提出的第一個重要問題是：你有什麼故事？

問　題　討　論

　一、在開始發掘自己的故事以前，請先回答布雷克提出的三個問題：如果你不必為錢煩惱，你會如何運用

時間？你想從事何種行業？你想完成什麼使命？

二、現在的消費者比過去精明，往往一眼就能識破廣告伎倆。你如何確定消費者能被你的故事打動，而不會覺得受你擺布？

三、TOMS 鞋公司的商業模式很簡單：「顧客每買一雙鞋，TOMS 就捐一雙新鞋給一名有需要的孩童，賣一捐一。」如果某家公司捐贈的產品和它們銷售的產品不一樣，該公司能否生存？這種做法是否會讓顧客產生困惑？

四、TOMS 的故事源自布雷克的一段特殊重要人生經歷，這場遭遇改變了他的世界觀和人生觀。你的人生是否也有過類似的經歷？那些經歷能否成為你的故事主幹？

五、想想你每天都會使用的幾項產品，例如牙膏、清潔劑，或內衣。如果你能直接向這些產品的製造商反映意見，你會給它們什麼建議？是什麼原因讓這些產品更容易被人記得？

行　動　建　議

一、**溝通管道**。留意你最忠於哪些廠牌及產品，這些公司如何更有效地傳播它們的故事？是透過廣告、企業合作，還是把奉獻行動融入商業模式？

二、**免費廣告**。未來一星期內，請留意你的朋友會在什麼時候做「甘迺迪機場那位女士」做過的事——自願替他們喜愛的產品或服務做廣告。你的朋友提到哪些品牌？你最近因為朋友的推薦買過什麼東西？

三、**品牌含義**。TOMS 這個品牌由英文「tomorrow」（明日）一詞組成，代表了樂觀與希望，也是 TOMS 創業故事的重要元素。你能想到還有哪些公司在品牌名稱中隱含了它們的使命精神？

第三章：面對恐懼

愛迪生說過一句名言：「許多人的一生之所以失敗，是

因為他們還沒發覺自己離成功有多近，就放棄努力了。」
這些人在即將突破困境之際，卻失去了繼續拚搏的勇氣，
布雷克的母親潘蜜拉本來也很可能加入他們的行列，但她
勇於面對恐懼，督促自己完成一本食譜。當你遇到潛藏危
險、沒有把握、無法逃避的狀況時，就會出現恐懼反應。
恐懼固然可讓你提高警覺，但也會導致你無法行動，因為
恐懼不只是一種情緒，也代表一種心態。你無法控制恐懼
心理，只能控制你的行動。一旦明白了這點，即使你心裡
還是害怕，但起碼比較容易採取行動。

問　　題　　討　　論

一、你曾在何時因為恐懼而未能完成學業、事業，或人
　　生目標？當時你有何反應？

二、你曾犯過哪些最嚴重的錯誤？最後結局如何？那些
　　後果是否跟你想像的一樣糟糕？

三、如果你毫無所懼，你的生活會如何改變？會轉換工
　　作或創辦事業嗎？會投入某種嗜好嗎？會邀你一見
　　傾心的人出來約會嗎？

四、當你感到害怕時，有哪些面對恐懼的策略？如何把

恐懼變「好」事？

五、布雷克如何運用「實踐自己的故事」這概念來克服
恐懼？

<h2>行　動　建　議</h2>

一、**避開子彈**。回想一件你最近完成的棘手工作或課
業，然後列出可能讓你出錯或妨礙你達成目標，但
最後並未發生不良後果的各種狀況。你是如何避開
這些陷阱的？

二、**似曾相識**？有時候，恐懼來自經驗──你曾經出過
差錯，所以不想重蹈覆轍。有時候，恐懼既沒道理
也無根據。下回你再感到害怕時，請分析一下你的
反應是否合理？

三、**尋找先例**。在接下來一、兩天內，算算看你接觸過
哪些知名企業，然後回想一下，每家企業──從家
庭式商店到多國籍公司──是不是在創辦人為實現
理想而克服恐懼和失敗的情況下成立的？

第四章：隨機應變

　　布雷克主張，欠缺資源有時也能因禍得福。舉例來說，假設某家公司連銀行存款都沒有，便談不上有太大損失，只能硬著頭皮努力打拚。如果你的「辦事處」是個如假包換的車庫，或是某棟公寓後頭的房間，你就不須支付辦公室租金，員工也會興奮地和你一起創業。這種同甘共苦的經驗，能使員工關係緊密、更加團結、保持活力，並且朝同樣方向前進。資源有限不但可提振工作士氣，也能培養隨時發揮創意和創業精神的企業文化，讓公司在財力和資源增加後依然堅守這種文化。

問　題　討　論

一、你如何把資源有限變成優勢？哪些產品或服務是創業必備資源？

二、你能動用哪些免費資源展開新計畫或新事業？可向哪些朋友或家人尋求協助？

三、你的組織規模擴大以後，會遇到哪些類型的挑戰？當事業開始擴充時，你如何維持草創階段的「奇蹟」？

四、在某些場合中，布雷克會讓潛在合夥人和顧客誤以為 TOMS 並非一家小公司，他是如何辦到的？你認為大企業具備哪些小公司所沒有的正面特質？規模較小的公司擁有哪些優勢？

五、你可能是白手起家的創業者，在草創時期全憑直覺經營事業。你還想得出哪些公司是靠白手起家闖出一片天的？它們的創業故事如何影響你對該公司的態度？

行　動　建　議

一、**把垃圾變成寶**。布雷克提到大地回收公司創辦人沙奇的故事，這家公司把蟲糞變成肥料、把糖果紙變成學習用品、把舊果汁容器變成背包。花點時間思考一下，你可以取得哪些免費或低成本資源？如何才能把垃圾變成寶？

二、**錢愈多，問題也愈多？**如果有位金主給你 100 萬美

元（約新台幣 3000 萬元）創業資本，你會如何處理
這筆錢？相較於你只拿得出 1000 美元（約新台幣 3
萬元）自有資本的情況，兩者各有哪些利弊？

三、**去蕪存菁**。世界名著《小王子》的作者聖修伯里
（Antoine de Saint-Exupéry）曾說：「不再錦上添花，
留下最後精髓，就能達到完美。」當你進入某個行
業時，請設法找出三種無須降低產品或服務品質即
可去除的業務。

第五章：簡單至上

「一切從簡」的原則，已深入 TOMS 的基因。阿根廷懶
人鞋雖已存在了一百多年，但長期以來始終只維持幾個精
簡的設計元素。TOMS 的商業模式也很簡單：「顧客每買
一雙鞋，TOMS 就捐一雙新鞋給一名有需要的孩子，賣一
捐一。」布雷克寫道：「別人愈了解你的為人和你支持的
理念，愈容易把你的故事轉告其他人。」

凡事力求簡單，或許不容易辦到，但任何一項設計簡單的產品，可能比它的競爭產品更占優勢，即使功能較少也一樣。比方說，iPod 的原始組件只有一個轉盤、一個按鍵，和一個螢幕，這種極簡設計反而掩蓋了 iPod 的缺點，例如沒有收音機功能和易於更換的電池。

問　題　討　論

一、要堅持「簡單至上」的原則，為何如此困難？保持簡單和過度簡化之間有何差異？

二、找一個你耳熟能詳的故事（例如某個童話故事或賣座電影），將情節簡化成幾個句子，看看你改寫後的句子，是否還能保持原有趣味？

三、谷歌和其他搜尋引擎（例如雅虎和美國線上）有何不同？一項產品是否可能兼有簡單又複雜的特性？

四、裡外漢堡連鎖店只提供漢堡、薯條、飲料這三種食物，相較於麥當勞、漢堡王等其他速食連鎖店，這種做法如何稱得上商業優勢？

五、由於懶人鞋是個式樣簡單的商品，TOMS 才能運用富有創意的方式（較複雜的產品不可能採用的形

式），來實驗自己的商業模式。以「彩繪鞋子」派對為例，這些活動如何透過簡單的方式進行？如何增進顧客與品牌的關係？有哪些產品因為設計複雜而妨礙了這種關係的形成？

行　動　建　議

一、**擁抱科技**。由於設計師將尖端科技融入 iPod，才能為 iPod 打造出簡單的造型。這項產品不僅讓初次使用者可輕易上手，連比較精通科技的顧客也能享受使用樂趣。想想看，還有哪些產品或小裝置也天衣無縫地融入了科技？哪些技術因為太過先進而尚未簡化？

二、**將工作外包**。費里斯運用「80／20」的原則，大幅改善了他的生產力和時間管理。你如何將同樣的原則應用在生活裡？可以將哪些耗時或普通的差事交給網路助理代勞？在可外包的工作中，最特殊或最有趣的事情是什麼？

三、**留意遭人忽視的問題**。裁縫師戴維斯之所以成名，是因為他解決了一個長期以來無人留意的簡單問題：

人們穿的長褲口袋老是脫線。世界上充滿了俯拾即是、但還未嚴重到足以引起大量關注的問題。在這類挑戰中，你認為你能解決哪三項？

第六章：贏得信任

問　題　討　論

一、許多公司曾因糟蹋了顧客的信任，而導致營收虧損，甚至退出本行。過去幾年你碰過哪些例子？在各個案例中，企業與顧客的關係受到何種傷害？

二、從另一方面來看，很多公司雖曾犯下嚴重失誤，但幾乎毫髮無傷。這些公司的因應之道，和上一個問題中所說的那些公司有何不同？

三、Zappos 為每一名對工作不滿而打算離職的新進人員提供 3000 美元報酬，你對這種制度有何看法？如果你在該公司上班，會接受這筆錢嗎？該制度會如何影響選擇留任的員工和企業文化？

四、僕人式領導風格可建立雙向信任——雇主信任員工，
　　員工也信任雇主。每個團體對信任的期望有何異
　　同？

五、信任感必須投入時間和心血才能建立，而不是遵守
　　某個精確公式就能產生。回想一下，你經歷過哪些
　　非常值得信賴的人際關係（包括在學校、職場，或
　　私生活中擁有的人際關係）？哪些因素讓這些關係
　　變得如此融洽？這些關係和你在信任度極低的環境
　　中遇到的關係有何區別？

行　動　建　議

一、**探討信任關係**。在某種信任關係遭到破壞前，你往
　　往不會特別留意那段關係。你認為你和學校、職場，
　　或咖啡店的關係如何？是否曾經覺得對方踐踏了你
　　的信賴？這件事如何影響你後來的行為與感受？

二、**了解非營利組織**。回想某個你曾經慷慨樂捐，或強
　　烈認同的非營利組織（例如善水公司）。試問：你
　　選擇的非營利組織如何讓你更信任它們？你願意為
　　它們奉獻更多時間或金錢的誘因是什麼？

三、**恩威並濟**。僕人式領導可否應用到各種組織？你是否認為某些組織更需要階級和權威意識較強的領導風格？政府、職業球隊、軍方也能採用僕人式領導嗎？

第七章：樂善好施

布雷克寫道：「美國經濟學家傅利曼常被引用的一句話是：企業唯一的社會責任是增加獲利……但這種觀念早就不合時宜了。」現今的企業管理作風把信任關係看得比權力階級重要，創業家已開始了解到，奉獻不但令人愉快，對事業也有實質好處。一家企業只迷戀損益平衡數字，將導致顧客和其他廠商遠離該企業；但如果一家公司將奉獻行動納入商業模式，則會吸引想從事有意義購買行為的顧客，並且創造流行風尚。

問　題　討　論

一、如果 TOMS 只做帆布鞋，而未將奉獻行動融入商業
　　模式，是否會像今天這麼成功？布雷克在赤手空拳
　　開創新業的過程中，會遇到何種不同的狀況？顧客
　　還會興味盎然地參加「彩繪鞋子」和「一日無鞋」
　　活動嗎？

二、樂善好施的事業在吸引合夥人方面，占有何種優勢？
　　AT＆T 在全國性電視廣告中以 TOMS 的故事做主
　　題，得到了什麼利益？ TOMS 獲得了何種好處？

三、飽食方案公司和 TOMS 的商業模式有哪些相似點和
　　相異處？

四、TOMS 製造鞋子和眼鏡，飽食方案公司製造帆布袋。
　　還有哪些類型的公司適合擔任奉獻商業模式的最
　　佳代表？

五、你認為哪種類型的公司，可能會做出毫無意義的奉
　　獻？一家磚頭製造商該如何將奉獻行動融入本業？
　　軟體公司和咖啡店又該怎麼做？

行　動　建　議

一、**非營利事業 vs. 營利事業**。回想幾個你最欣賞的非
　　營利事業，這些組織做的善事會比營利事業做的多
　　嗎？哪些例子可說明營利事業無法從事奉獻，或者
　　非營利事業較能完成奉獻使命？

二、**他山之石**。你曾在何時因為欣賞某家公司的使命而
　　購買它們的產品或服務？哪個品牌故事讓你覺得很
　　重要，或很感人？你還會購買哪些產品或服務，而
　　不在乎那些產品或服務是哪家公司提供的？

三、**無自覺的消費主義**已經退潮，有自覺的消費主義愈
　　來愈夯，有些公司常把善待社會和環境掛在嘴邊，
　　卻沒有實際行動。你遇過這種例子嗎？你在創辦某
　　個重要事業之初，如何確保所作所為都能維持誠信，
　　而非說一套、做一套？

第八章：再次叮嚀

艾群漢受到 TOMS 的啟發而創辦了 OneShot，這個非營利組織專為住在學校宿舍的大學生提供腦膜炎疫苗注射，而且在美國每施打一劑疫苗，就捐贈一劑給非洲腦膜炎帶的需要者。艾群漢成立 OneShot 時還是個大學生，毫無商業或創業經驗，但他並未因此卻步。布雷克說明，第一步最重要：你永遠無法做好萬全的準備，因此無論如何都要展開行動，持續前進！

問　題　討　論

一、知識固然可成為有力的工具，但擁有過多知識也可能導致你裹足不前，毫無作為。你有了創業念頭後，如何抱著進取態度步入研究階段？在展開新事業或新計畫時，哪些資訊不可或缺？

二、布雷克在本章提到：「有位仁兄曾經告訴我，他保持健康的祕訣，是繫上他的鞋帶。」為什麼這對於

創業者也是個好建議？企業界有哪些「繫上鞋帶」的例子？

三、像 OneShot 這樣的新創事業，會面臨哪些挑戰？OneShot 如何以奉獻行動結合該組織的慈善和商業元素？這種連結如何讓 OneShot 的故事引起共鳴？

四、艾群漢創辦 OneShot 的時候，如何在資源匱乏的情況下隨機應變？身為一名大學生，他在展開新計畫或新事業之際占有何種優勢？大學生可以取得哪些免費資源？

五、萬事起頭難，因為必須進入不熟悉的領域。不過，實際的情況往往是，雖然創業過程經常會出現許多困難與挑戰，但是感覺起來卻沒那麼辛苦，原因何在？

行　動　建　議

一、**無知是福？**回想一個你曾經完成的重要計畫、學校作業，或個人嗜好，以及在過程中遭遇的挑戰。假如你在事前就知道那些問題，是否會影響你接案的意願？是否會被嚇跑？要是你不知道那些問題，情

況會比較好嗎？

二、**徵求意見**。想想你生活周遭所有的人，包括朋友、家人以及社區成員。當你考慮創辦某個重要事業的時候，你會向哪五個人徵詢建議？他們分別會怎麼協助你？

三、**把握當下**。既然你已讀完本書，你會如何把握今天？是否有興趣創辦某個事業或非營利組織？還是只想大幅改變你的生活？如何著手進行你的計畫？

Big Ideas 05
TOMS Shoes：穿一雙鞋，改變世界

2014年8月初版　　　　　　　　　　　　　　定價：新臺幣300元
2016年12月初版第四刷
有著作權·翻印必究　　　　　　　著　　者　Blake Mycoskie
Printed in Taiwan.　　　　　　　　譯　　者　譚　家　瑜
　　　　　　　　　　　　　　　　　總 編 輯　胡　金　倫
　　　　　　　　　　　　　　　　　總 經 理　羅　國　俊
　　　　　　　　　　　　　　　　　發 行 人　林　載　爵

出　版　者　聯經出版事業股份有限公司　　叢書主編　鄒　恆　月
地　　　址　台北市基隆路一段180號4樓　　叢書編輯　王　盈　婷
編輯部地址　台北市基隆路一段180號4樓　　封面設計　廖　　　韡
叢書主編電話　(02)87876242轉223　　內文排版　江　宜　蔚
台北聯經書房　台北市新生南路三段94號
電　　　話　(0 2) 2 3 6 2 0 3 0 8
台中分公司　台中市北區崇德路一段198號
暨門市電話　(0 4) 2 2 3 1 2 0 2 3
郵 政 劃 撥 帳 戶 第 0 1 0 0 5 5 9 - 3 號
郵 撥 電 話　(0 2) 2 3 6 2 0 3 0 8
印　刷　者　文聯彩色製版印刷有限公司
總　經　銷　聯 合 發 行 股 份 有 限 公 司
發　行　所　新北市新店區寶橋路235巷6弄6號2F
電　　　話　(0 2) 2 9 1 7 8 0 2 2

行政院新聞局出版事業登記證局版臺業字第0130號

本書如有缺頁，破損，倒裝請寄回台北聯經書房更換。　　ISBN　978-957-08-4433-7 (平裝)
聯經網址 http://www.linkingbooks.com.tw
電子信箱 e-mail:linking@udngroup.com

The photo on page 190 is courtesy of Lauren Garceau.
The photo on page 220 is courtesy of Chelsea Diane Photography.
All other photos are courtesy of the author.

國家圖書館出版品預行編目資料

TOMS Shoes：穿一雙鞋，改變世界/
Blake Mycoskie著 . 譚家瑜譯 . 初版 . 臺北市 .
聯經 . 2014年8月（民103年）. 264面 .
13×18.8公分（Big Ideas 05）
譯自：Start something that matters
ISBN　978-957-08-4433-7（平裝）
［2016年12月初版第四刷］

1.鞋業　2.企業經營　3.品牌行銷

487.45　　　　　　　　　　　　　　　103013585